Johannes Wirz und Norbert Poeplau

Imkern mit der Einraumbeute

Gedruckt auf
100% Recyclingpapier

Johannes Wirz und Norbert Poeplau

Imkern mit der Einraumbeute

Einfach und wesensgemäß Bienen pflegen

Das Original von Mellifera e. V.

pala verlag

Inhalt

Bienen verstehen lernen

Die Mellifera-Einraumbeute ist eine Bienenwohnung, mit der das Imkern einfach nur Freude macht – davon möchten wir Sie gerne überzeugen. Mit ihren großen Hochwaben auf einer Ebene bietet sie dem Bienenvolk optimale Bedingungen für eine natürliche Entwicklung. Dazu gehört, dass die Bienen möglichst jederzeit genügend Honigvorräte haben, um sich zu versorgen. Falls imkerliche Eingriffe nötig sind, können sie für Bienen und Mensch stressfrei erfolgen. Die Betriebsweise ist zudem einfach und rückenschonend.

Obwohl wir uns mit dem vorliegenden Buch in erster Linie an Imkerinnen und Imker richten, die ihre Völker in der Mellifera-Einraumbeute pflegen, machen wir gleichzeitig auch den Versuch, die wesensgemäße Bienenhaltung in der Landschaft der natur- und artgemäßen, der ökologischen und natürlichen Bienenhaltung zu verorten und ihre Besonderheiten vorzustellen: In der wesensgemäßen Bienenhaltung dürfen die Völker schwärmen und sich so vermehren. Das Wabenwerk wird von den Bienen im Naturbau errichtet, auf künstliche Königinnenzucht wird verzichtet und jedes Bienenvolk wird als eine Individualität angesehen. Ein imkerlicher Umgang wie mit einem Baukastensystem ist ausgeschlossen.

Wer auf konventionelle Weise Bienen hält, kann diese grundlegenden Prinzipien teilweise nicht nachvollziehen. Aus Erfahrung wissen wir aber, dass diese Umgangsweisen die Menschen näher an die Bienenvölker heranführen – Nähe und Intimität sind Kennzeichen der wesensgemäßen Bienenhaltung. Im Zusammenleben mit unseren Bienen können wir lernen, ihre Bedürfnisse wahrzunehmen und ihre Lebensweise zu verstehen.

Wesensgemäße Bienenhaltung ist unserer Meinung nach die bienenfreundlichste Form der Imkerei, doch will sie mehr. Mahatma Gandhi hat einmal gesagt: »Du musst der Wandel sein, den Du Dir in der Welt wünschst.« Das bedeutet für uns, dass wir nicht nur gute Imker sein wollen, sondern uns auch bemühen, die »Prinzipien« dieser beeindruckenden Lebewesen zu übernehmen: Bienen leben in und aus der Fülle, die sich durch ein bedingungsloses Teilen auszeichnet. Sie kennen in ihrem Zusammensein und -arbeiten nur Vertrauen, nie Kontrolle. Und in besonderen Situationen, wie bei der überlebenswichtigen Suche nach einer idealen Behausung durch den Schwarm, zeigen sie ein großes Maß an Sorgfalt und Respekt. Wie der sprichwörtliche Bienenfleiß, der in Arbeitsgemeinschaften gerne als Vorbild gelobt wird, gehören auch diese Eigenschaften zu Tugenden, die wir im näheren und weiteren sozialen Umfeld wirksam werden lassen möchten.

Dieses Buch ist vor dem Hintergrund vieler Seminare in der Lehrimkerei an der Fischermühle entstanden. Selbst einfache Handgriffe werden leichter erlernt, wenn man sie durch Anschauung vertieft. Und Momente der Verzweiflung – die wir alle aus unseren Anfängerjahren kennen –, wenn wir an der offenen Beute stehen und Dinge und Vorgänge sehen, die wir nicht begreifen, lösen sich auf, wenn wir sie mit Gleichgesinnten besprechen können. Auch hier zeigt sich die Wesensverwandtschaft von Biene und Mensch: Gemeinsam gelingt vieles einfacher als alleine.

Für einen Imker, der um seine Bienen besorgt ist, geben aber auch die Bienenvölker selbst immer wieder Hinweise, wie sie durch ihn unterstützt werden können. Wir hoffen, mit den Einblicken in das faszinierende Leben der Honigsammlerinnen den Einstieg in die wesensgemäße Bienenhaltung zu erleichtern, und laden Sie daher zunächst ein, mit uns einen ersten Blick in die Einraumbeute zu werfen. Anschließend begleiten wir Sie mit konkreten Anleitungen bei den praktischen Arbeiten im Bienenjahr.

Vorteile der Einraumbeute auf einen Blick

In der Einraumbeute ist sowohl eine extensive wie intensive Bienenhaltung möglich. Sie hat für Biene und Mensch viele Vorteile:

- Das Bienenvolk entwickelt sich in einem einzigen Raum und wird nicht zerteilt.
- Waben werden im Naturbau errichtet, es liegt meist ausreichend Honig für die Eigenversorgung der Bienen im Sommer vor.
- Brut- und Honigraum lassen sich einfach erweitern, ohne das Bienenvolk zu stören.
- Bei Kontrollen des Brutraumes und bei der Honigernte müssen keine schweren Honigräume abgehoben werden.
- Die Arbeitshöhe lässt sich beim ersten Aufstellen individuell anpassen, das ermöglicht ein rückenfreundliches Arbeiten.

Die Bienen folgen beim Wabenbau einer Kettenform. Bei dieser frisch gebauten Wabe sind die einzelnen Abschnitte sichtbar. Waagrechte Edelstahldrähte, die für die Stabilität der Wabe sorgen, werden perfekt mit eingebaut.

Erste Begegnungen mit unseren Honigbienen

An einem schönen, warmen Nachmittag Ende März sehen wir auf dem Weg zum Bienenstand eine dicke, einsame Hummel, die knapp über der Erde zwischen der spärlichen Vegetation umherfliegt. Es ist eine Königin, die nach der Winterpause eine Höhle, beispielsweise ein verlassenes Mäusenest, sucht, um ihre Kolonie aufzubauen. Nur Tage später, sobald sie einen passenden Ort gefunden hat, wird sie nur noch auf Blüten zu beobachten sein.

Über unseren Köpfen hören wir in einer blühenden Weide ein ruhiges, vielfältiges Summen. Hunderte von Bienen sammeln die Fülle des goldgelben Blütenstaubs. Die Härte des Winters liegt hinter ihnen, die Weidenblüte läutet die noch junge Bienensaison ein. Der Kontrast könnte nicht größer sein: Hier ganze Scharen von Tieren, dort eine seltene Einzelgängerin. Wir ahnen bereits, dass eine einzelne Biene anders als die Hummel nur im Zusammenhang mit ihrem Volk zu verstehen ist.

Am Bienenstand herrscht ein munteres Treiben. Wir verweilen einen Augenblick am Flugloch des Kastens, den wir gleich öffnen werden. Zielstrebig fliegen Bienen in verschiedene Richtungen in die Landschaft. Viele Heimkehrerinnen tragen goldene Pollenhöschen nach Hause, andere kommen ohne sichtbare Ernte an. Doch ihr Flug wirkt unbeholfen. Sie landen schwer auf dem Anflugbrett oder an der Kastenwand, oft fallen sie auch vor dem Kasten zu Boden. Sie bringen süßen Nektar oder auch Wasser nach Hause, das zum Verflüssigen von Honig und für die Herstellung von Futtersaft dringend gebraucht wird. Andere Bienen verlassen die Behausung, drehen sich jedoch sofort der Beute zu und vollführen in näherem oder weiterem Abstand Schaukelflüge. Es sind erste Jungbienen, die sich einfliegen. Bevor sie ihre Arbeit als Sammlerinnen aufnehmen, müssen sie die Umgebung ihrer Bienenwohnung kennenlernen, um ihr Zuhause nach Flügen zu oft weit entfernten Blüten sicher wiederzufinden. Das Geschehen am Flugloch strahlt Ruhe aus. Die Bienen fügen sich mit ihren Aktivitäten und Verhaltensweisen in ein Ganzes ein, das wirksam ist, aber unsichtbar bleibt, weil es im Stock verborgen ist.

Spurenlesen im Gemüll

Nachdem wir das Geschehen am Flugloch eine Weile verfolgt haben, ziehen wir als Nächstes den Schieber, eine Unterlage, die in dem Kasten unter den Gitterboden eingeschoben wurde, heraus. Die Unterlage zeigt ein räumlich-zeitliches Bild von allem, was in den Tagen davor aus den Wabengassen heruntergefallen ist. Wir sehen, in wie vielen Gassen das Volk sitzt, und können so einen Eindruck von seiner Größe gewinnen. Feine dunkle Krümel auf der Unterlage weisen auf die Reste der Deckel hin, die von schlüpfenden Jungbienen beim Öffnen der Zelle aufgebissen worden sind. Hellere Brösel stammen von den Deckeln, die von den Honigvorräten entfernt wurden. Schließlich liegen auch Pollenhöschen auf der Unterlage, die abgestreift, aber

Das Gemüll auf der Unterlage gibt einen Hinweis auf die Aktivität der Bienen: Gelber Pollen wurde eingetragen und beim Laufen über das Bodengitter verloren. Besonders viel davon liegt in der Nähe des Fluglochs auf der rechten Seite.

Wabenbau geht nur gemeinsam: Wie ein Vorhang hängen die Bienen aneinander, schwitzen kleine Wachsschuppen aus und formen daraus die Zellen – mit einer faszinierenden Präzision.

nicht eingelagert wurden. Daneben sind kleine durchsichtige Schüppchen von frisch geschwitztem Wachs zu sehen – ein Hinweis, dass das Volk Waben baut. Hie und da sind ganz schwarze, kleine Partikel zu sehen, die auf die Anwesenheit von Wachsmotten-Larven hinweisen. Sie brauchen uns nicht zu beunruhigen, weil die Motten immer wieder auch in lebenden Völkern vorkommen können. In ihrer naturgegebenen Aufgabe sind sie für die Rückführung alten Wachses in den Naturkreislauf unabdingbar und führen erst zu Schäden, wenn Bienenvölker krank und schwach sind.

Der Wabenbau ist Gemeinschaftswerk. Eine Biene alleine schafft es zwar, die Wachsplättchen aus den paarigen Wachsdrüsen auszuschwitzen. Doch ohne die Wärme des Volkes würden diese Schüppchen rasch erkalten und die geschmeidige Form verlieren, die für die Verbauung an den frischen Waben notwendig ist. Deshalb sitzen auf den frisch gebauten Waben immer viele Bienen, die die nötige Temperatur erzeugen. Die ersten Waben wachsen vollständig innerhalb der hängenden Bienentraube, und man kann sie dort kaum in ihrer Entstehung beobachten. Erst wenn die Waben größer geworden sind und die meisten Bienen mit ihren Tätigkeiten wie Brutpflege oder Honigbereitung beschäftigt sind und sich zwischen den Waben aufhalten, kann man am unteren Rand frisch gebaute Waben erkennen. Sie scheinen aus den vielen Bienen, die einen beweglichen Vorhang von aneinandergeketteten Körpern bilden, herauszuwachsen. Wir sprechen hierbei von Bauketten, weil die Bienen in diesem »Vorhang« ausschließlich mit dem Wachsschwitzen und Ankleben bzw. Plastizieren der vielen neu entstehenden Wachszellen am unteren Rand der wachsenden Wabe beschäftigt sind. In der Kette hängen die Baubienen immer im Lot, die Waben werden ausnahmslos in senkrechter Richtung gebaut.

Eventuell liegen auch ein paar Varroamilben leblos auf dem Schieber oder bewegen sich träge. Wir werden sie gut im Auge behalten. Dieser Parasit macht den Bienenvölkern in Europa arg zu schaffen. Nur in wenigen Fällen und unter speziellen Bedingungen können Völker mit der Varroa in Koexistenz leben. Die Imkerinnen und Imker in Deutschland sind verpflichtet, etwas gegen die Milben zu unternehmen, allerspätestens wenn Schadschwellen erreicht sind. Die Zahl des natürlichen Totenfalls gibt einen Hinweis auf die Gesamtzahl der Milben im Volk. Mehr dazu ab Seite 115.

Das Gemüll auf dem Schieber ist die Chronik des Bienenvolkes. Es erzählt von seiner Größe, den Aktivitäten und der Biografie. Liegt es nicht wohl geordnet unter den Wabengassen, sitzt das Volk zu wenig kompakt: Entweder gibt es zu wenig Bienen, keine Königin oder nur noch eine, die die Einheit des Volkes nicht mehr richtig zusammenzuhalten vermag. Liegen große Wachstücke chaotisch verteilt auf der Unterlage, so ist eine versteckte oder offene Räuberei zwischen Bienenvölkern im Gange. Ein klebriges Flugloch würde diese Situation bestätigen.

Die Arbeiterinnen schauen aus der Wabengasse. Die Kanten der Rähmchen sind mit Propolis bedeckt.

Auf Augenhöhe mit dem Bienenvolk

Nach diesen ersten wichtigen Beobachtungen heben wir den Deckel vom Kasten und entfernen die Wärmedämmplatte. Schon beim Abtasten des Wachstuches, mit dem das Volk zusätzlich geschützt wird, können wir mit den Händen aufgrund der Temperaturunterschiede spüren, wo das Brutnest sitzt. Mit einer Temperatur von 35 bis 36 °C ist es dort richtig warm. Tasten wir die Wärme ab, spüren wir, dass das Brutnest kreisförmig angelegt ist. Der Durchmesser des Wärmekreises ist auf den zentralen Waben am größten und wird in Richtung der Randwaben immer kleiner. Dort, wo die Honigvorräte eingelagert sind, ist keine Erwärmung mehr spürbar, weil die Bienen diesen Bereich nicht aufwärmen. Über den Randwaben gibt es kaum noch Unterschiede zur Umgebungstemperatur außerhalb des Kastens.

Vorsichtig ziehen wir jetzt das Wachstuch zurück. Ein unbeschreiblicher Duft steigt aus der Beute hoch. Pollen und Nektar, aber auch das Brutnest

bergen Duftkomponenten, die ein Bouquet entfalten, auf das wir uns schon im kalten Winter gefreut haben. So gut, wie es riecht, so gut geht es dem Volk! Keine einzelne Biene kann diesen Duft erzeugen, er kann erst durch das Volksganze entstehen.

Die Einraumbeute ist für die Durchsicht des Bienenvolkes ideal. Vom Rand her lösen wir mit dem Stockmeißel von oben die Waben, die in der Winterzeit mit Propolis, einem Gemisch aus Knospenharz von Laubbäumen und Drüsensekreten der Bienen, oft fest an die Beute verkittet worden sind. Jetzt können wir die Waben einzeln herausziehen und betrachten.

Die äußersten Waben sollten noch voll mit Futtervorräten sein. Eine Faustregel sagt, dass im März etwa zwei Drittel der Wintervorräte vorhanden sein müssen. In der kalten, brutfreien Zeit zehrt ein Bienenvolk nur wenig. Erst wenn das Brutnest angelegt wird, beginnen die Arbeiterinnen mit ihren

Deckel und Wachstuch sind entfernt, die mit Propolis festgeklebten Waben mit dem Meißel gelöst. Jetzt können sie einzeln herausgezogen und betrachtet werden.

Flugmuskeln die Temperatur auf 36 °C aufzuwärmen. Wenn der Brutumfang wächst, werden große Mengen an Vorräten »verbrannt«.

Die weiter innen liegenden Waben haben oft nur einen Honigkranz am Oberträger, die Zellen darunter sind leer und glänzend geputzt. Bald wird hier die Königin, auch Weisel genannt, Eier legen. Gehen wir noch weiter nach innen, kommen wir zur ersten Wabe des Brutnests. Wir entdecken eine kleine, kreisrunde Fläche mit Eiern, die wegen der länglichen Form als Stifte bezeichnet werden. Auf der nächsten Wabe gibt es im Zentrum eines größeren Kreises Maden oder Larven, die im Futtersaft schwimmen.

Im Zentrum des Brutnestes sehen wir in den Waben verschlossene Zellen: verdeckelte Brut. Hinter diesen Wachsdeckeln, die im Gegensatz zu verdeckelten Honigzellen luft- und wasserdurchlässig sind, haben sich die weißen Larven verpuppt. In der Puppe vollzieht sich in zwölf Tagen die geheimnisvolle Verwandlung in eine Biene mit Kopf, Brust und Hinterleib.

Um die verdeckelte Brut herum gibt es große Larven, die zum Rand der Brutfläche hin immer kleiner werden, bis zu Eiern, aus denen die kleinen Maden noch nicht geschlüpft sind. Die kreisrunden Brutnester hängen mit dem Legegang der Königin zusammen, die sich in einer Spirale von Zelle zu Zelle bewegt (siehe Abbildung auf Seite 20).

Neben der zentralen Wabe werden die Kreise des Brutnestes mit Eiern und Brut spiegelbildlich nach links und nach rechts kleiner. Pfarrer Ferdinand Gerstung hat Anfang des 19. Jahrhunderts erstmals dokumentiert, wie die Königin ihr kreisrundes Brutnest über sieben Waben hinweg anlegt. Sie beginnt die Eiablage auf der zentralen Wabe in der Mitte mit einer kleinen, runden Fläche. Am nächsten Tag hüpft sie auf die Nachbarwabe nach rechts und legt wiederum eine kreisrunde Fläche von Eiern an. Am dritten Tag legt sie auf der zentralen Wabe einen Ring um das bereits angelegte Brutnest, hüpft am vierten Tag nach links auf die leere Wabe, am fünften zurück auf die zentrale, am sechsten auf die Wabe nach rechts und am siebten Tag weiter auf die nächste leere Wabe nach rechts – und kehrt danach wieder auf die Waben nach links zurück. Mit einem größer werdenden Pendelschlag hat sie schließlich über alle Waben hinweg ein rundes Brutnest angelegt. Am 24. Tag kehrt sie in das Zentrum der Mittelwabe zurück – wo die ersten Bienen schon geschlüpft und die Zellen gereinigt worden sind – und legt dort die Eier für die zweite Tochtergeneration.

Um das Brutnest herum werden auf allen Waben kreisförmig Pollen und halbkreisförmig Nektar eingelagert. Was lernen wir aus dieser Anordnung? Das Motiv des Runden haben wir schon in der Wärmeverteilung auf dem Wachstuch gespürt. Fügen wir die beiden Eindrücke zusammen, wird deutlich, dass das Brutnest und damit die gesamte Organisation im Volk eine Kugel bildet. Sie ist die Urform des Bienenvolkes.

Aus den vielen Einzelheiten können wir in Gedanken das ganze Geschehen nachbilden. Obwohl wir immer einzelne Bienen sehen – sowie Eier, Maden in verschiedenen Entwicklungsstadien und die verdeckelte Brut – ist ganz klar, dass alle Aktivitäten auf das Volk als Ganzheit hinweisen. Ziehen wir Waben, zerstören wir diese Einheit für einen kurzen Augenblick. Es wird nachvollziehbar, was Ferdinand Gerstung meinte, als er das Herausnehmen der Waben als einen chirurgischen Eingriff bezeichnete (siehe dazu auch Seite 28). Von der Fluglochbeobachtung über das Gemüll auf dem Boden bis zum Wärmeeindruck auf dem Wachstuch und zu den Eindrücken auf den Waben zeigt sich der gesamte Organismus des Bienenvolkes in Momentaufnahmen. Erst in unserem inneren Erleben – nicht in den einzelnen Erscheinungsweisen – enthüllt sich das Geheimnis des Lebewesens Bien.

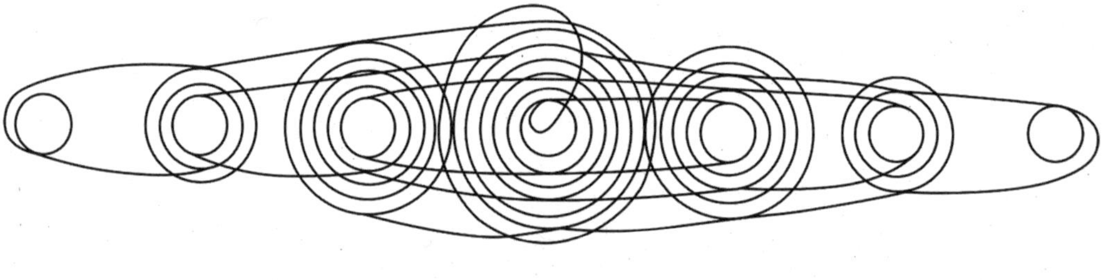

Von Ferdinand Gerstung wurde der Legegang über sieben Waben hinweg erstmals dokumentiert: Die Königin legt innerhalb von 24 Tagen spiralförmig das Brutnest an und bestiftet dabei Zelle für Zelle mit einem Ei.

Auf der Brutwabe stehen reichlich Pollen (als breiter gelber Kranz zu sehen) und Honigvorräte (verdeckte Zellen, oben links) zur Verfügung. Die Bienen wärmen das Brutnest und versorgen die Maden mit Futtersaft (Abbildungen unten).

Wesensgemäß imkern – eine Bewusstseinsfrage

Diese kleine Einführung vermittelt einen ersten Eindruck von der Hinwendung der wesensgemäßen Imkerinnen und Imker zum Bien. Bei jeder Begegnung erleben sie, dass sie einem Wesen gegenüberstehen, das nicht einfach die Summe der einzelnen Tiere ist. Anders als bei einem Rind oder einem Hund, lässt sich das Bienenvolk als Ganzes erst im inneren Erleben und Erkennen erfassen. Sie bemühen sich wie auch bei Rind und Hund, diesem mit Achtung und Respekt zu begegnen, wohlwissend, dass sie es sich in seiner Komplexität nie vollständig erschließen können.

Die Parallele zum Umgang mit unseren Haus- und Nutztieren geht aber noch weiter. Im Prozess der Domestikation wurde aus dem Wolf, der im Rudel fernab vom Menschen in Wäldern umherstreift, ein Hund. Er ist anhänglich, treu, auch unterwürfig und kann nicht nahe genug bei uns leben. Die Kuh war ursprünglich im Wald beheimatet, z. T. in großen Herden. Jetzt lebt sie im Stall, wird gemolken und jeden Tag auf die Weide getrieben. In der Obhut des Menschen gibt sie einen Teil ihrer ursprünglichen Natur auf. Wesensgemäße Tierhalter sind sich dessen bewusst. Gleichzeitig setzen sie sich dafür ein, dass ihre Tiere die elementarsten oder eben »wesentlichen« Bedürfnisse ausleben und befriedigen können. So hat Anet Spengler-Neff vom Forschungsinstitut für biologischen Landbau (FiBL) in der Schweiz dargestellt, dass die Kuh mit ihren vielen Mägen eine typische Grasfresserin oder »Raufutterverwerterin« ist. Kraftfutter, wie es oft zur Steigerung der Milchleistung verfüttert wird, ist wesensfremd.

Ganz ähnlich verhält es sich mit den Bienen. Auch deren wesentliche Bedürfnisse sollten berücksichtigt werden. Wild lebende Bienenvölker sind Einsiedler, die im Umkreis von einem Quadratkilometer keine Nachbarn wünschen. Und sie leben in großer Höhe (sechs bis elf Meter über dem Boden) in Baumhöhlen. In der Obhut des Menschen werden heute mehrere Völker auf einem Bienenstand ziemlich ebenerdig gehalten. Ihr Wesensmerkmal liegt im Sammeln von Pollen und Nektar. Weißer Zucker sollte deshalb nur in

Vielfältige Begegnungen mit dem Bien sind auf dem Lehrbienenstand in der Fischermühle möglich: Hier fliegen im Vordergrund die Bienen in eine Klotzbeute ein und aus. Im Hintergrund ein Weißenseifener Hängekorb, eine Schöpfung des Bildhauers Günter Mancke.

Notsituationen gefüttert werden. (Mehr zu anderen Aspekten auf Seite 28.) Im Blick auf die natürliche Lebenssituation ist jede Tierhaltung des Menschen ein Kompromiss. Das ist keine Ausrede, im Gegenteil. In jeder Wesensbeziehung, und das gilt auch für diejenige unter uns Menschen, geben alle Beteiligten etwas von ihrer ursprünglichen Eigenart auf, um Platz für Neues zu machen. Ein weiteres Merkmal solcher Beziehungen ist die permanente Entwicklung – geprägt von Achtung und Ehrfurcht.

Ursprünge und Evolution der Beziehung von Biene und Mensch

Nicht wenige glauben, dass die wesensgemäße Bienenhaltung eine Erfindung der Imkerei am Ende des 20. Jahrhunderts sei. Dem Worte nach mag diese Auffassung stimmen, dem Sinne nach ist diese jedoch der Ursprung der Imkerei. Wesensgemäße Bienenhaltung war die erste Form der Beziehung zwischen Mensch und Bienenvolk. Die älteste bekannte Darstellung, ein Bild aus der Cueva de la Aranãs in der spanischen Provinz Valencia, lässt daran keinen Zweifel.

Ein Mensch steht auf einer fragilen Strickleiter dem Bienenvolk auf Augenhöhe gegenüber, heimkehrende Bienen sind übernatürlich groß gemalt. Das exakte Alter der Felsmalerei ist nicht bekannt – aber sie ist mindestens 8000, vielleicht sogar 12 000 Jahre alt – und ihre Ästhetik berührt zutiefst. Vordergründig wird die Honigernte gezeigt, wie sie heute in einigen Ländern noch gepflegt wird.

Wie andere Bilder mit Tieren und Menschen aus dieser Zeit, beispielsweise in den Höhlen von Lascaux in Südfrankreich, deutet die Malerei in der Cueva de la Aranãs nach Aussage von Anthropologen auf ein Bewusstsein hin, das die Menschen in allen Tieren, Pflanzen, Felsen und Bergen Geistiges und Geister miterleben ließ. Der französische Ethnologe Claude Lévy-Strauss sagte, dass Tiere nicht nur gut zum Essen, sondern auch gut zum Denken seien. Diese Worte weisen auf die Mythologie hin, in der Tiere und Pflanzen nicht nur für die menschliche Ernährung wichtig waren, sondern immer auch eine symbolische, spirituelle Bedeutung hatten. In jeder Erscheinung begegneten die damaligen Menschen zugleich auch dem Wesen, das sich in ihr zeigte und sie hervorgebracht hatte. Man kann diese ursprüngliche Beziehungsform als horizontale Kultur bezeichnen.

Mit dem Beginn der Sesshaftigkeit und der Geburt der Landwirtschaft im alten Persien änderte sich die Beziehung radikal. Von diesem Zeitpunkt an lebten die Geister und Götter nicht mehr unter den Menschen, sondern sie sprachen in deren Vorstellung vom Himmel herunter: Pflegt die Erde!

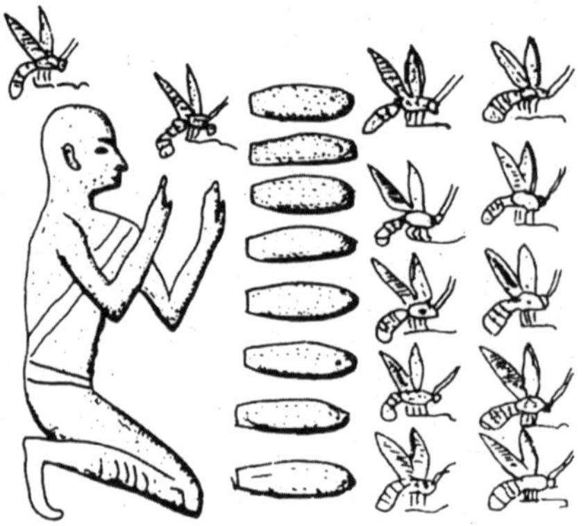

Die Trennung zwischen Himmel und Erde, Geist und Materie nahm ihren Anfang und markierte damit den Beginn der vertikalen Kultur. Das berühmte Bild des ägyptischen Imkerpriesters ist ein Zeichen für diesen Umschwung.

Das Bild des knienden Imkerpriesters ist etwa 5000 Jahre alt. Es zeigt den Imker in betender Haltung, die Hände zum Himmel gerichtet. Die Bienen sind noch immer übernatürlich groß gemalt, ein Zeichen ihrer Bedeutung. Die Gebilde, vor denen der Priester kniet, sind Röhren aus getrocknetem Nilschlamm, die in einer Stadtimkerei aufgestellt waren – so alt ist »urban beekeeping«.

Der vertikalen Kultur verdanken wir nicht nur Sesshaftigkeit und Landwirtschaft. Beide sind die Voraussetzungen für die Kulturentwicklung der modernen Menschheit. Ohne sie gäbe es keine der Wissenschaften, keine Technik – aber auch keine Religion mit ihren Kathedralen, keine Kunst und keine Symphonien.

Doch dieser Fortschritt hat seinen Preis. Die Trennung von Himmel und Erde, Geist und Natur, Gott und Mensch fand einen ersten Höhepunkt in der Aufklärung im 17. Jahrhundert. Das Göttliche der Natur und auch der Bienenvölker hatte seinen Platz im menschlichen Bewusstsein endgültig verloren. Verstehen heißt ab jetzt, Details beobachten, sezieren und analysieren. Das erste Insekt, das in einzelne Organe zerlegt und unter dem Mikroskop beobachtet und gezeichnet wurde, war übrigens die Honigbiene.

Vor allem mit der Erfindung der beweglichen Rähmchen des Mobilbaus im 19. Jahrhundert konnten den Bienenvölkern ihre (biologischen) Geheimnisse entlockt und manchmal entrissen werden. Im Stabilbau war das Wabenwerk noch fest mit den Wänden der Behausung verbunden, sei es in der Höhle, im Baum, in der Klotzbeute oder im Strohkorb. Die Organisation im Innern konnte nur untersucht werden, indem man das Volk zerstörte.

Neben dem Mobilbau wurden zwei weitere Grundpfeiler geschaffen, die bis heute die Imkerei prägen: Der erste ist die Verwendung von Mittelwänden,

In Bienenkörben, wie dem zylindrischen Karnitzring und dem Allemannischen Rumpf (rechts im Bild), waren die Waben fest an die Wände der Behausungen angebaut.

d. h. Wachsplatten mit einer vorgegebenen Zellengröße, die von den Bienen rasch fertig ausgebaut werden. Der zweite Pfeiler ist die künstliche Königinnenzucht. Der Bienenzüchter kann nach Belieben so viele Königinnen aufziehen lassen, wie er will, und er lenkt die Anpaarung mit Drohnen auf sogenannten Belegstellen mit ausgewählten Drohnenvölkern. Noch einen Schritt weiter geht die Züchtung mit der künstlichen Besamung der Königin, teilweise sogar mit dem Spermienpaket einer einzigen Drohne.

So groß die wissenschaftlichen Entdeckungen und Erkenntnisse waren – wir werden einige davon kennenlernen –, so groß war auch die Versuchung, sie für Eingriffe und Manipulationen der Bienenvölker nach Gutdünken zu nutzen. Das Volk als Ganzes zerfiel in handhabbare Einzelteile eines Baukastens: Waben mit Brut und Vorräten, Bienen, Königin und Drohnen können nach Belieben auseinandergenommen, verschoben und neu zusammengesetzt werden – es ist die Mechanisierung der Bienenzucht schlechthin.

Die Wiederentdeckung des Wesens der Bienen

Zum Beginn des 20. Jahrhunderts traten Denker und Mahner auf, die sich mit großem Verständnis und ebenso großer Leidenschaft für eine »organische«, d. h. dem Leben der Völker verträgliche Perspektive und Imkerpraxis einsetzten. Die beiden für die wesensgemäße Bienenhaltung wichtigsten Persönlichkeiten waren Ferdinand Gerstung (1860 – 1925) und Rudolf Steiner (1861 – 1925). Beide lebten und wirkten eine Zeit lang in Weimar, sind sich jedoch nicht begegnet.

Gerstung war Pfarrer, verstand sich aber als Wissenschaftler. Er konzentrierte sich auf die Erforschung des Bienenvolkes, weil er selbst imkerte und man seiner Meinung nach diesen Organismus anders als andere Tiere zergliedern könne, ohne dass dabei Blut fließe oder es sterben müsse. Für seine organische Auffassung des Bienenvolkes, das er wie bereits andere vor ihm mit dem Begriff »Bien« bezeichnete, und für seine Verdienste um die Bienenkunde erhielt er 1920 die Ehrendoktorwürde der Universität Jena.

Mit vielen Einzelbeobachtungen spürte er den Lebensäußerungen des Bienenvolkes nach und beschrieb die einzelnen Bienen, Drohnen und die Königin im Stock als »Organe« des Biens. Ein Konzentrat von Gerstungs Beobachtungen ist seine Aussage: »Der Bien ist ein Organismus, welcher besteht durch das harmonisch-zweckmäßige Zusammenwirken aller seiner Teile oder Glieder und bei welchem jeder Teil das Ganze als Ursprung und Träger seiner Existenz voraussetzt.«

Er beschrieb die Kugelgestalt des Bienenvolkes, die beispielsweise im Brutnest und im Wabenbau deutlich in Erscheinung tritt. Mit Vehemenz mahnte Gerstung an, die Gestalt des Bienenvolks zu achten und zu bewahren. Die Bienen, die den Stock verlassen, um Pollen, Nektar und Wasser zu sammeln, bezeichnete er beispielsweise als »Arme des Biens«. Seine Ausführungen machen zudem deutlich, dass er das Bienenvolk nicht nur in seiner physiologischen, sondern auch in seiner anatomischen Struktur als dynamisch erlebte: In der Wintertraube bildet es eine hand- bis fußballgroße Kugel, im Sommer wird es zum Riesen und dehnt sich kilometerweit in die Landschaft aus.

Rudolf Steiner, der Begründer der Anthroposophie, hat für die Handwerker, die beim Bau des Goetheanums im schweizerischen Dornach auf dem Hügel arbeiteten, auf Nachfrage eines Imkers neun Vorträge über die Bienen gehalten. Seine Ausführungen waren ungewohnt und eröffneten neue Perspektiven auf das Leben des Bienenvolkes, das er als »Kopf ohne Schädel« bezeichnete, der nach allen Seiten offen sei. Diese Darstellung erinnert an die Kugelgestalt des Biens von Gerstung. Später hat der US-Bienenwissenschaftler Thomas Seeley es ähnlich formuliert: Der Bienenschwarm sei ein nach allen Seiten offenes Gehirn *(open brain).*

Nach Steiner ist die Königin das Organ der inneren Einheit des Volkes, das durch die künstliche Königinnenzucht bedroht wird. Er bezeichnete den willkürlichen Austausch von Königinnen – heute eine gängige Praxis in der konventionellen Bienenhaltung – als »Mechanisierung« der Bienenhaltung, die den inneren Zusammenhalt des Volkes zerstöre. Er prophezeite sogar: »So können sich die Bienenzüchter zwar außerordentlich freuen über den Aufschwung, den seit kurzer Zeit die Bienenzucht genommen hat; aber diese Freude, die wird keine hundert Jahre halten.« Als im Winter 2006/2007 die Imker in den USA Völkerverluste von bis zu 90 Prozent beklagten, erinnerten einige große Tageszeitungen in den Vereinigten Staaten an die Prophezeiung des »österreichischen Philosophen«.

Das Wabenwerk ist nach Steiner das Skelett des Bienenvolkes, Wachs wird in seiner Funktion als Mischung von Knochen, Blut und Muskel umschrieben: Wie im Embryo des Säugetieres, in dem sich die Knochen im Inneren umgeben von Zellen entwickeln, ist auch das Wabenwerk, das ein Schwarm in der Beute zu bauen beginnt, zunächst unsichtbar. Die Bienenmasse, die kugelig an der Decke der Behausung hängt, setzt die ersten Waben aus sich heraus. Erst wenn die Waben größer werden, beginnen sie sichtbar aus dem Bienenkörper herauszuwachsen. Die Waben bilden das größte Organ (insgesamt etwa 1,5 bis 2 Quadratmeter) und dienen als Stützskelett. Wie sich bei den Wirbeltieren im Mark der Röhrenknochen die Blutkörperchen entwickeln, ist die Wabe die Wiege der Arbeiterinnenbrut, die Steiner als Blutzellen des Biens bezeichnet hat. Muskel heißt immer auch Bewegung – die gibt es auch bei den Waben. Im Naturbau sind sie an den Seiten nur punktuell mit dem Rähmchen verbunden. Sie können durch die Bienentänze leicht in Schwingung gesetzt werden, die von den anderen Bienen auf derselben Wabe wahrgenommen und interpretiert werden.

Sehr eindrücklich bleibt für jeden Menschen das Erlebnis eines ausziehenden Bienenschwarms im Gedächtnis. Phänomenal purzeln dabei anfangs

Bienen wie ein kleiner Wasserfall aus ihrem Bienenstock, fliegen dann chaotisch kreuz und quer durcheinander, kommen in der tanzenden Schwarmwolke zusammen und setzen sich schließlich in der Schwarmtraube an einem nahen Zweig. Steiner spricht aus geisteswissenschaftlicher Perspektive vom ausziehenden Bienenschwarm als »Beinahe-Tod« des Volkes. Der Schwarm lässt alles zurück: Die Behausung, d. h. den Bienenkasten, das Wabenskelett, die Futtervorräte und die Brut als »Stammzellen« des Bienenvolkes, die Erneuerungskräfte schlechthin.

Die »Wiedergeburt« des Volkes findet in zwei Schritten statt: Mit dem ersten sammelt sich die in der Luft ausgebreitete Schwarmwolke am Ast. Mit dem zweiten Schritt sucht sich der Schwarm ein neues Zuhause oder er wird vom Imker eingefangen und in einen neuen Kasten einlogiert. Erst jetzt kann sich das junge Volk entwickeln und wachsen.

Der Bien

Das Bienenvolk ist als ein Gesamtorganismus den Säugetieren viel näher verwandt als andere Insekten. Es zeichnet sich durch folgende Merkmale aus:

- präzis regulierte Eigenwärme,
- differenzierte »Organe« wie Putzbiene, Ammenbiene, Baubiene, Wächterin und Sammelbiene,
- Immunsystem zur Abwehr von Krankheiten auf der Ebene der einzelnen Tiere, aber auch des ganzen Volkes,
- komplexes Informationssystem mit einer Symbolsprache, die aus vier verschiedenen Tänzen besteht, dazu gehören auch die Duftstoffe (Pheromone) der Königin und die Duftstoffe von Pollen und Nektar,
- Ernährung der Brut mit Futtersaft, der aus Drüsensekreten gebildet wird.

Bestätigung durch aktuelle Bienenforschung

Nach vielen Jahren der Entwicklungsarbeit hat Thomas Radetzki zusammen mit anderen Pionieren von Mellifera e. V. 1995 die Hinweise Rudolf Steiners zum Wesen der Bienen aufgegriffen und die Richtlinien der biologisch-dynamischen Bienenhaltung formuliert. Es wird darin unter anderem explizit festgehalten, dass Völkervermehrung nur im Schwarmprozess erlaubt ist, die Waben für das Brutnest in ungeteilter Einheit im Naturbau errichtet werden müssen und die künstliche Königinnenzucht verboten ist.

Die Vorgaben wurden in der Vergangenheit aus unterschiedlichen Gründen von konventionellen Imkerkreisen belächelt und abgelehnt, beispielsweise weil die Völkervermehrung in der wesensgemäßen Bienenhaltung auf die Schwarmzeit von Mai bis Juni begrenzt ist oder weil Völker für den Wabenbau viel Energie aufwenden. Für ein Kilogramm Wachs werden etwa sechs Kilogramm Honig verbraucht. Es ist jedoch nicht zwingend so, dass diese Menge bei der Ernte tatsächlich fehlt. Bei guten Trachtverhältnissen ist eine Honigernte auch mit Jungvölkern möglich.

Und schließlich ist auch das Vorurteil weit verbreitet, dass sanftmütige und leistungsfähige Völker nur durch gezielte Züchtung entstehen können. Diese Ansicht stimmt so nicht. In der wesensgemäßen Bienenhaltung arbeiten viele Imkerinnen und Imker das ganze Jahr über ohne Schutzbekleidung und Schleier. Sanftmut stellt sich auch dann ein, wenn kein Einfluss auf die Anpaarung der Königin mit ausgewählten Drohnen stattfindet, sondern wenn die Bienenkönigin vom Bienenstand aus auf den Hochzeitsflug geht. Darüber hinaus haben Studien im Bienenforschungsinstitut in Liebefeld in der Schweiz gezeigt, dass der Honigertrag nicht von Hochleistungsköniginnen abhängt, sondern von der Blütenfülle in der Umgebung des Bienenstandes.

Ergebnisse aus der aktuellen Bienenforschung belegen, dass die Prinzipien der wesensgemäßen Bienenhaltung – Vermehrung im Schwarmprozess, Naturbau und Verzicht auf künstliche Zucht –, eine Reihe weiterer Vorteile mit sich bringen.

In der konventionellen Imkerei gehört die Unterdrückung des Schwarmtriebes durch regelmäßiges Ausbrechen der Königinnenzellen zur normalen Praxis. Es wird sogar behauptet, dass Schwärme nur bei »schlechten«, d. h. unerfahrenen Imkern abfliegen würden.

Schwarmtrieb und Bienengesundheit

Oft wird Imkern, die mit dem Schwarmprozess arbeiten, der Vorwurf gemacht, sie würden »Krankheitsschleudern« produzieren, weil Schwärme sich irgendwo eine neue Behausung suchen und ohne Kontrolle Krankheiten entwickeln würden, die wiederum die Völker der anderen Bienenhalter gefährden. Diese Auffassung ist falsch. Man geht davon aus, dass die vielen Schwärme, die jedes Jahr unbeabsichtigt die Stöcke verlassen – in der Schweiz schätzt man die Zahl auf 30 000 –, vor allem dort abgehen, wo sie eigentlich verhindert werden wollen. Wird bei der Völkerkontrolle nämlich nur eine einzige Königinnenzelle übersehen, so zieht mit Sicherheit ein Mutterschwarm aus.

Die Bedeutung des Schwarmprozesses für die Gesundheit der Bienenvölker ist als ein Grundprinzip der Vermehrung zu verstehen, das sich über den gesamten Evolutionszeitraum von vielen Millionen Jahren entwickelt

und immer weiter verbessert hat. Mit der Brutunterbrechung bei Mutter- und Tochterschwärmen geht eine erhebliche Reduktion von Brutkrankheiten einher. Sie wurde bei der Europäischen und Amerikanischen Faulbrut nachgewiesen und ist Schwarmimkern bei der Verminderung der Belastung mit der Varroamilbe ein vertrautes Phänomen (mehr dazu auf Seite 109). Als Sanierung über den Kunstschwarm wird die Brutunterbrechung zur Rettung einzelner Bienenvölker bei akuter Faulbrut- oder Sauerbrut-Erkrankung eingesetzt (siehe dazu Seite 131).

Eindrücklich hat der US-amerikanische Bienenforscher Thomas Seeley den Nachweis erbracht, dass der Schwarmprozess gesundende Elemente für die betreffenden Völker beinhaltet: In einem Versuch wurden je zwölf Völker in kleinen Kästen mit 40 Liter Volumen und in großen Kästen mit 160 Liter einlogiert und im folgenden Jahr untersucht. In den kleinen Kästen schwärmten 80 Prozent der Völker, in den großen waren es weniger als 20. Die Zahl der aufsitzenden Milben war in den »Kleinraumvölkern« dreimal geringer als in den »Großraumvölkern«. Bei den ersteren konnten keine Schäden durch das Flügeldeformationsvirus beobachtet werden, in den großen Kästen gab es in sieben von zwölf Völkern Bienen mit verkrüppelten Flügeln. Und schließlich waren die Auswinterungsverluste mit vier von zwölf Völkern im 40-Liter-Kasten deutlich geringer als im 160-Liter-Kasten, wo zehn von zwölf Völkern starben. Nicht zuletzt aus diesem Grunde haben Wissenschaftler an deutschen Bienenforschungsinstituten biologische Behandlungsmethoden gegen die Milben entwickelt, die alle mit einer künstlich herbeigeführten Brutunterbrechung arbeiten. (Details dieser Methoden auf Seite 126.)

Naturwaben und Bienengesundheit

Für die Gesunderhaltung des Bienenvolkes sind Wachsschwitzen und Naturwabenbau neben dem Schwärmen die zweite wichtige hygienische Maßnahme. Positive Effekte bei der Amerikanischen Faulbrut und der Sauerbrut, die besonders in der Schweiz große Probleme bereitet, sind nachgewiesen. Bei beiden Krankheiten wird empfohlen, mit infizierten Völkern Kunstschwärme zu bilden. Danach werden sie auf leere Rähmchen oder auf frische Mittelwände gesetzt. Diese Maßnahme hilft, die fatalen Krankheiten erfolgreich zu behandeln. Trotzdem werden leider heute auch bei geringem Krankheitsbefall die Völker immer noch abgetötet.

Das Wabenwerk im Naturbau ist bei konventionellen Imkern nahezu unbekannt. Die folgende Geschichte ist exemplarisch: Vor einigen Jahren haben wir zusammen mit Thomas Radetzki im Park des Kunstmuseums Beyeler zwei Völker in Einraumbeuten aufgestellt. Ernst Beyeler, der Basler Galerist und Gründer des berühmten Basler Kunsthauses, verwies auf seinen Namen, der in der deutschen Übersetzung »Bienenhalter« bedeutet, und meinte: »Ich sammle Kunst, die Bienen Blumen.« Es war für ihn folgerichtig, Bienenstöcke im Park aufzustellen. Weil wir ihm erzählt hatten, dass in alten Zeiten Honig so kostbar gewesen sei, dass er nicht verkauft, sondern nur verschenkt werden durfte, wird der Honig bis heute nicht im Museumsshop verkauft, sondern an Gönner und Freunde verschenkt.

Nach der Aufstellung der Beuten luden wir den Bienenverantwortlichen von Basel-Stadt zu einer Besichtigung ein. Als Mittelwand-Imker hatte der über sechzigjährige Mann in seinem Leben noch nie Naturbau gesehen. Er war überrascht und begeistert von den perfekten Waben.

Im Park des Kunstmuseums der Fondation Beyeler stehen zwei Einraumbeuten.

Seit der Erfindung der Mittelwände vor mehr als hundertfünfzig Jahren werden Völker meistens auf diesen Wachsplatten aufgezogen. Sie werden industriell vorgefertigt und mit einer definierten Zellgröße – meist 5,4 mm – gewalzt oder gegossen. Auf dieser Vorlage müssen die Bienen lediglich die Zellen hochziehen. Die Königin legt in solche Zellen befruchtete Eier, aus denen sich Arbeiterinnen entwickeln. Große Zellen mit 6,9 mm Zelldurchmesser, in denen sich unbefruchtete Eier zu Drohnen entwickeln, gibt es nicht – so lässt sich die Drohnenbrut steuern. Erst im Folgejahr werden den Völkern leere Rähmchen zugehängt, auf denen die Bienen die größeren Drohnenzellen selbst bauen. Sie dienen später als Varroamilbenfalle und werden nach Verdeckelung der Drohnenbrut aus dem Volk entfernt und vernichtet. Wegen dieser Praxis hält sich das Vorurteil hartnäckig, dass Bienen nur Drohnenbau errichten können, obwohl der natürliche Wabenbau über eine lange Evolutionsperiode von mehreren Millionen Jahren perfektioniert wurde.

Doch auch in Bezug auf den Naturbau findet allmählich ein Umdenken statt. Nicht zuletzt durch den Verkauf von Mittelwänden, die mit Stearin oder Paraffin gepanscht wurden, besinnen sich zunehmend mehr Imkerinnen und Imker auf die Fähigkeit ihrer Bienenvölker, den Wabenbau vollständig selbst zu produzieren und zu organisieren.

Naturbau hat noch einen weiteren Vorteil. Die Waben sind in den allermeisten Fällen weniger mit fettlöslichen, synthetischen Varroa-Bekämpfungsmitteln und Pestiziden belastet als solche, die auf Mittelwänden aus gegebenenfalls unzähligen Wachskreisläufen und teilweise unklarer Wachsherkunft errichtet werden. Wer sich auf den Internetseiten von Landwirtschaftsämtern oder -ministerien umschaut, wird Hunderte von zugelassenen Produkten finden, die in der konventionellen Landwirtschaft gegen Schädlinge, Pilze und Parasiten verwendet werden. Ein Großteil von ihnen ist fettlöslich und wird folglich im Wachs angereichert. Mit dem geschlossenen Wachskreislauf in der konventionellen Imkerei akkumulieren diese Bienengifte im Laufe der Jahre und finden über die Mittelwände den Weg zurück in die Völker. So können heute im Wachs nicht nur die berüchtigten und bienenschädlichen Neonikotinoide nachgewiesen werden, sondern selbst noch DDT, dessen Anwendung in der Land- und Forstwirtschaft in Deutschland 1972 verboten wurde. Sie stellen für die heranwachsende Brut eine erhebliche Belastung dar.

Standbegattung und Bienengesundheit

Auch der Verzicht auf die künstliche Königinnenzucht wird heute nicht mehr nur als Irrweg der wesensgemäßen Imkerinnen und Imker angesehen. In einer ökologischen Bienenhaltung mit Völkervermehrung über den Schwarmtrieb und Standbegattung ist dieser Verzicht meistens bewusst integriert. Wissenschaftliche Untersuchungen haben zwei positive Begleiteffekte gut dokumentiert: eine hohe genetische Diversität in den Völkern, die durch die Mehrfachbegattung auf regionalen Drohnensammelplätzen gefördert wird, und eine Anpassung der Völker an ihren Standort. Sicher haben Eigenschaften wie Honigleistung und Sanftmut eine genetische Komponente, aber ob sie durch Kreuzungszüchtung wirklich verbessert werden können, ist zweifelhaft. Sie werden genauso, wie viele andere Eigenschaften auch, durch die Bienenhaltung, die Pflege und den Standort maßgeblich beeinflusst. Wer imkert, weiß, dass wenig Platz in der Beute zur Zeit der Volltracht den Schwarmtrieb erhöht und umgekehrt eine Raumerweiterung ihn vermindert. Die Honigleistung hängt in allererster Linie vom Standort und den jahreszeitlichen Bedingungen ab. Ein Vergleich von Völkern in der Schweiz mit Hochleistungsköniginnen und mit solchen, die nicht selektiert worden waren, zeigte, dass sich am selben Standort Volksgröße und Honigertrag nicht signifikant unterscheiden. Im selben Versuch zeigten sich hingegen statistisch signifikante Unterschiede zwischen den verschiedenen Standorten.

Mit der Sanftmut verhält es sich ähnlich. Vor ein paar Jahren besuchten 50 Studierende der Universität Hohenheim unsere Lehrimkerei Fischermühle. In drei Stunden wurden acht bis zehn Völker geöffnet und durchgeschaut, niemand trug einen Schleier, niemand wurde gestochen. Der Bienenwissenschaftler, der die Gruppe begleitete, wollte wissen, wie wir diese für ihn nie gesehene Sanftmut gezüchtet hätten. Er konnte kaum glauben, dass sie trotz(!) Standbegattung erhalten bzw. verbessert werden konnte.

Viele Imkerinnen und Imker haben aber auch schon erlebt, dass sanftmütige Völker durchaus »stechig« werden können, und umgekehrt, dass »Stechteufel« nach einer Winterpause friedlich und sanftmütig in die neue Bienensaison starten.

Selbst bei Krankheiten, bei denen seit Jahren versucht wird, krankheitsresistente oder -tolerante Völker zu züchten und zu selektieren, gibt es bisher keine nennenswerten Erfolge zu verzeichnen. Der Grund liegt bei einer

Die Bienenwesen

Arbeiterin   Drohne   Königin (Weisel)

Besonderheit der Honigbiene: der Mehrfachbegattung. Jede Königin wird auf ihren Hochzeitsflügen – manchmal über mehrere Tage verteilt – von zwölf bis maximal vierzig Drohnen begattet. An Drohnensammelplätzen fliegen an schönen Tagen Hunderte von Männchen, die von Völkern aus der ganzen Region stammen. Weil Königinnen durchschnittlich fünf Kilometer weit fliegen, die Drohnen dagegen lediglich drei Kilometer, ist die Wahrscheinlichkeit einer Begattung mit Männchen aus dem eigenen Volk verschwindend gering. Die größtmögliche genetische Vielfalt ist eine Überlebensstrategie, die sich in der Evolution bewährt hat. Sie ist wesensgemäß. In den letzten Jahren haben viele Studien die Bedeutung der Mehrfachbegattung bestätigt. Durch die Erhöhung der genetischen Vielfalt mit acht bis fünfzehn Vätern – im Vergleich zu Völkern mit ein bis sieben Vätern – war die Volksstärke beim Einwintern erhöht und die Auswinterung besser. Es wurden größere Brutnester und Wabenflächen gebaut, und die Wärmeregulierung war verbessert. Mit der Zahl der Drohnen, die eine Königin begatten, nimmt auch die Intensität des Schwänzeltanzes, mit dem die Bienen untereinander kommunizieren, zu, was sich in einer erhöhten Rekrutierung von Sammlerinnen niederschlägt. Zudem fliegen die Bienen weiter entfernte Nektarquellen an und verbessern damit den Eintrag von Nektar und Honig.

Auch im Bienenstock konnte die Bedeutung der Mehrfachbegattung nachgewiesen werden: Die Resistenz gegenüber Infektionskrankheiten war erhöht und die Abwehr von künstlich eingebrachten Faulbrutsporen verbessert. Da sie weiter entfernte Blüten anfliegen, erhöht sich auch die Diversität der Begleitmikroflora und -fauna und damit die Haltbarkeit der Pollen, die in die Zellen als »Bienenbrot« eingelagert werden, um später die Brut zu füttern.

Die vielen wichtigen und positiven Eigenschaften, die auf Mehrfachbegattung zurückzuführen sind, hätten durch gezielte Züchtungsprogramme kaum erreicht werden können.

Genetische Vielfalt ist die Garantie für ein großes Potenzial von Verhalteneigenschaften. Der Würzburger Bienenforscher Jürgen Tautz beschreibt die Situation bildhaft: Wenn die Nachkommen einer Drohnenlinie gute Sammlerinnen, aber schlechte Stockbienen sind, müsste ein Volk genauso leiden, wie wenn es nur Arbeiterinnen gäbe, die spezialisiert auf die Arbeiten im Stock wären. Im ersten Falle wäre die Aufzucht der Brut, im zweiten das Sammeln von Pollen und Nektar mangelhaft. Die Mehrfachbegattung stellt ein ausgewogenes Spektrum aller notwendigen Funktionen und Verhaltensweisen im Stock und in der Umgebung sicher. Das Ergebnis ist weit besser als die Summe aller einzelnen Fähigkeiten.

Weil der Verlust der genetischen Vielfalt aus oben genannten Gründen eines der großen Probleme der modernen Imkerei darstellt, halten wir es für angebracht, auf kontrollierte Kreuzungszüchtung zu verzichten und stattdessen die Stärkung der Bienenvölker durch Standbegattung zu fördern. Sie erlaubt den Bienen, ein weiteres Potenzial auszuschöpfen, das in der Ökologie und Evolutionsbiologie unter dem Begriff »Adaptation« große Bedeutung erlangt hat. Alle Lebewesen, ob Pflanzen oder Tiere, passen sich im Laufe der Zeit oder Generationen an ihren Lebensraum an. Ob dies rein zufällig geschieht, wie es die neodarwinistische Theorie behauptet, oder zielgerichtet, wie es die Epigenetik nahelegt, ist hier von untergeordneter Bedeutung.

Die Standbegattung und ihre Vorteile

Bei der Standbegattung ziehen Völker eigene Jungköniginnen heran, die sich bei ihrem Hochzeitsflug auf einem Drohnensammelplatz mit durchschnittlich zwölf bis zwanzig Drohnen verpaaren. Weil sich auf diesen Plätzen Drohnen von Hunderten verschiedener Völker einfinden, ist eine große genetische Vielfalt garantiert. Weil sie zudem alle aus derselben Region stammen wie die Jungköniginnen, ist damit auch die Anpassung der Völker an den Standort gesichert.

Anpassungen führen zu einer erhöhten Vitalität und einer größeren Widerstandskraft. Das gilt auch für die Bienen. In Europa gibt es eindrucksvolle Belege dafür. In mehreren Regionen haben es Völker in kurzer Zeit geschafft, mit der Varroamilbe eine Ko-Existenz zu entwickeln, d. h. in Anwesenheit der Milbe, ohne dass diese bekämpft wird, zu überleben.

Die Bedeutung von standortangepassten Völkern wurde im Rahmen einer großen Studie des internationalen Forschungskonsortiums »prevention of honeybee colony losses« (COLOSS) bestätigt. Über mehrere Jahre wurden 612 Völker mit 16 verschiedenen Rassen auf 21 Standorten in verschiedenen europäischen Ländern untersucht. Völker, die an den jeweiligen Standort angepasst waren, wurden verglichen mit solchen, die mit standortfremden Königinnen gebildet worden waren. In diesem Großversuch wurde weder die Vermehrung der Varroamilbe kontrolliert noch wurden andere Krankheiten bekämpft.

Standortangepasste Völker lebten im Durchschnitt 83 Tage, und damit beinahe ein Drittel länger als die nicht angepassten Kontrollvölker, und ihre Volksstärke war um 3000 Bienen größer. Der Honigertrag war höher und – unerwartet – die Milbenbelastung geringer. Die Sanftmütigkeit war gegenüber den nicht heimischen Kontrollvölkern erhöht und das Hygieneverhalten verbessert. Obwohl Vielfalt und Anzahl pathogener Keime in beiden Versuchsgruppen vergleichbar waren, zeigte die bessere Gesundheit der Versuchsvölker, dass sie mit der Grundbelastung durch Pathogene besser zurechtkamen als die Kontrollvölker. Eine der Schlussfolgerungen aus dieser Studie von Ralph Büchler vom Bieneninstitut Kirchhain lässt aufhorchen: »Die Verwendung lokaler Populationen der Honigbiene verbessert die Überlebenschance, während bei schlecht angepassten Völkern mit Völkerverlusten zu rechnen ist, wie es kürzlich in vielen Regionen beobachtet wurde. Die Züchtung lokaler Rassen sollte daher für die gesamte Gattung Apis mellifera gefördert und ermutigt werden.«

Aus unserer Sicht entstehen lokale Rassen, wenn die Königin bei ihren Hochzeitsflügen an den Drohnensammelplätzen begattet wird und nicht durch eine künstliche Königinnenzucht.

Alle diese Beispiele zeigen, dass die wesensgemäße Bienenhaltung mit ihren Prinzipien die Gesundheit und Vitalität der Völker erhöht und eine zukunftsfähige Bienenhaltung ermöglicht.

Der Weg zur Einraumbeute

Ursprünglich lebten die Honigbienen in den Wäldern von Mitteleuropa bis zum Ural in hohlen Bäumen. Diese Lebensräume entstehen, wenn ein abgebrochener Ast ein Loch hinterlässt oder ein Schwarzspecht eine Höhle vorbereitet. In beiden Fällen leiten Pilze das Vermodern ein, sobald Wasser in die Höhlung eindringt. Der Schwarzspecht nistet aber nur dort, wo es Ameisen gibt, weil er sie für die Aufzucht der Jungvögel benötigt. Aus einem Waldbienenvolk wiederum gehen in der Saison etwa 200 000 Tiere zum Sterben ab. Sie sind willkommene Nahrung für die Ameisen. Studien zeigen, dass die Zahl und Größe der Ameisenhügel in der Anwesenheit von Waldbienenvölkern zunimmt – so weisheitsvoll vernetzt sind Ökosysteme.

Wie sind die Höhlen beschaffen, die von wilden Honigbienenvölkern besiedelt werden? Der US-amerikanische Bienenwissenschaftler Thomas Seeley hat mit seinen Mitarbeiterinnen und Mitarbeitern nach jahrzehntelanger Forschung herausgefunden, welche Kriterien eine Behausung für frei lebende Bienenvölker erfüllen muss:

- Die Behausung befindet sich idealerweise drei bis zwölf Meter über dem Boden.
- Das optimale Volumen beträgt 40 bis 60 Liter.
- Das Flugloch liegt unten und ist 15 cm^2 groß; rund ist besser als viereckig.
- Die Ausrichtung des Flugloches weist nach Süden oder Südosten.

In seinem Buch »Bienendemokratie« beschreibt Seeley im Detail, mit welcher Sorgfalt die Bienen mindestens zwölf bis vierzehn neue Behausungen prüfen, bevor ein Schwarm loszieht. Dabei einigen sie sich in einem offenen »Entscheidungsprozess« auf die optimale Höhle und sie stellen geniale Vorkehrungen an, um sicherzustellen, dass tatsächlich alle Bienen eines Schwarmes das neue Heim erreichen. Im Naturzusammenhang sind diese Prozesse im wahrsten Sinn des Wortes existenziell. Denn nur wenn möglichst alle Voraussetzungen stimmen, hat der Schwarm in der neuen Behausung eine Chance, den nächsten Winter zu überleben. Nur weil die Natur hier sehr stark selektierte, haben wir dieses komplexe und extrem bewegliche Miteinander guter

Bienenvölker in der Bestäubungsleistung und der imkerlichen Produktion heute zur Verfügung.

Bereits die erste Form einer Bienenhaltung – die Zeidlerei – nahm Abstand von einigen bienenfreundlichen Kriterien. Zeidler waren im Mittelalter angesehene Bienenhirten, die neue Nisthöhlen in lebendige Bäume schlugen und verschlossen. Die Höhlen waren mehr als doppelt so groß wie die von den Bienen bevorzugten Wohnungen und hatten ein Flugloch, das ein Drittel unterhalb der Höhlendecke lag. Die Völker zogen die Brutnester nur bis ins mittlere Drittel herunter und lagerten oberhalb und im letzten Drittel Honig ein, der geerntet werden konnte, ohne das Überleben der Bienen im Winter zu gefährden. Die komplette Honigentnahme gab es nicht, eine Zufütterung mit Zucker wäre noch gar nicht möglich gewesen.

Die Zeidlerimkerei hat sich in der südlichen Uralregion bis heute erhalten und über Polen den Weg wieder nach Mittel- und Westeuropa gefunden. Verschiedene Zeidler-Initiativen setzen sich dafür ein, die alte Tradition in den Wäldern in Mittel- und Westeuropa wieder aufleben zu lassen.

Ein nächster und naheliegender Schritt in der Entwicklung der Imkerei führte dazu, Baumhöhlen auf dem Boden einzurichten, um die aufwendige Kletterei zu vermeiden. Die Imkerei in ausgehöhlten Baumstammstücken, den Klotzbeuten, entstand. Bald folgten Strohkörbe in den unterschiedlichsten Formen und Größen. Alle diese Beutensysteme zeichneten sich durch Stabilbau aus, d. h., die Bienen bauen die Waben fest an die Wände und die Waben können nur durch Schneiden und Abtrennen entnommen werden. Der Anfang eines Volkes war hierbei immer das »nackte« Volk, also ausschließlich Bienen mit ihrer Königin, und die Errichtung des eigenen Naturwabenbaus.

Erst ab Mitte des 19. Jahrhunderts wurden alle Erfindungen erarbeitet, die bis heute die moderne Imkerei prägen und nur geringfügig weiterentwickelt wurden: das bewegliche Rähmchen und damit der Mobilbau, die Herstellung von Mittelwänden und die künstliche Königinnenzucht.

Es bestehen keine Zweifel: Die modernen Beuten erfüllen die Bedürfnisse von wild lebenden Bienenvölkern weniger als die Zeidlerbäume. Sie stehen in der Regel 30 bis 50 Zentimeter über dem Boden, die Volumen erreichen in den allermeisten Systemen 100 Liter und mehr, die Fluglöcher sind rechteckig, weil sie einfacher herzustellen sind als runde, und die Ausrichtung des Flugloches ist vom Standort abhängig – und kann gelegentlich auch nach

Zeidlerbäume bei Mellifera

In der Versuchsimkerei von Mellifera e.V. wurden in den umliegenden Wäldern neun lebende Bäume mit Völkern besetzt, die in einem Projekt genau dokumentiert werden. Im Zentrum des Interesses steht die Frage, wie sich Waldbienenvölker hoch in den Bäumen von solchen in Magazinen auf dem Boden unterscheiden. Mit Pollenanalysen im Honig wird untersucht, welche Nektarpflanzen von ihnen genutzt werden und ob die Versorgung der Völker für den Winter ohne Zufütterung gewährleistet ist. Erste Ergebnisse haben gezeigt, dass der Wassergehalt des Honigs von den Baumvölkern mit 13,5 Prozent weit unter den Werten der Vergleichsvölker auf dem Boden im selben Trachtgebiet liegt. Doch wird auch deutlich, dass selbst bei den großen Abständen der Bäume eine kontinuierlich ausreichende Versorgung mit Nektar im Waldgebiet nicht immer gewährleistet ist und die Belastung mit der Varroamilbe erhebliche Ausmaße erreichen kann, weil es schwierig ist, sie im Stabilbau mit den organischen Säuren zu reduzieren.

Lage des Brutnestes

Einer Regel folgen die Bienenvölker unabhängig vom Beutensystem immer: Ob Baum oder Korb mit Stabilbau, Magazin oder Trogbeute im Mobilbau, in allen Systemen gibt es eine Konstante. Unabhängig von der Form, der Größe und der Art der Erweiterung legen Bienen das Brutnest stets nahe am Flugloch an und lagern die Honigvorräte fluglochfern ein. Ob sie die kostbaren Vorräte vor Fressfeinden schützen wollen oder die Luftzirkulation im Brutnest leichter zu bewerkstelligen ist, wenn es sich in der Nähe des Fluglochs befindet, wird unterschiedlich beantwortet, hat jedoch für die Regel keine Bedeutung. Schematisch dargestellt sieht die Nestorganisation immer gleich aus.

Die seitliche Arbeitsöffnung gibt den Blick auf die Waben in der modernen Schreiner-Klotzbeute frei.

Norden zeigen. Außerdem stehen sie nicht Hunderte von Metern voneinander entfernt, sondern oft Seite an Seite.

Man kann diese Tatsachen als »Zugeständnisse an den Imker« bezeichnen, stark kritisieren oder sogar ablehnen. Wir sind der Ansicht, dass – wie bei allen anderen Haus- und Nutztieren auch – in der Beziehung zwischen Tier und Mensch zwar einige der ursprünglichen Ansprüche nicht länger befriedigt werden, dies jedoch durch eine respektvolle Haltung und Achtung der Eigenwürde der Tiere wettgemacht werden kann. In der wesensgemäßen Bienenhaltung geschieht das dadurch, dass die Völker ihre elementaren Verhaltensweisen – Schwärmen und Wabenbauen – ausleben dürfen.

Verschiedene Beutentypen mit Mobilbau

Imkerinnen und Imker können stundenlang über Bienenbehausungen diskutieren. Jede und jeder glaubt, die ideale Beute gefunden zu haben. Dabei gibt es lediglich drei verschiede Typen: Zum einen Magazinbeuten, bei denen die Kästen vertikal nach oben erweitert werden, wie bei den Systemen Deutschnormal, Zander oder Dadant und in der Schweiz beim beliebten Schweizerkasten. Letzterer wird auch als Hinterbehandlungsbeute bezeichnet, weil die Waben wie in einem Schrank nicht nach oben, sondern hinten herausgezogen werden. Der Schweizerkasten ist die Lösung für eine Imkerei im Bienenhaus, das die Völker vor Wind und Wetter, Kälte und Schnee besser schützt als diejenigen in Magazinen, die im Freien stehen.

Daneben gibt es vertikale Typen von Beuten, die nach unten erweitert werden, z. B. die Karnitz-Ringe und die Warrébeute.

Und schließlich gibt es die sogenannten Horizontalbeuten, in denen die Völker nicht nach oben oder unten, sondern nach rechts und/oder links erweitert werden. Zu ihnen gehören die Top Bar Hive sowie die vielen Trog- oder Lagerbeuten in Europa und Russland. Fedor Lazutin, ein russischer Bienenwissenschaftler, erwähnt acht verschiedene historische Typen, die in der ehemaligen Sowjetunion unabhängig voneinander entstanden sind. An der Fischermühle steht eine Warschauer Beute aus Polen. Auch bei Mellifera e. V. wurden zwei horizontale Beutensysteme entwickelt: die Einraumbeute und die Bienenkiste.

Die Warschauer Beute ist eine traditionelle polnische Einraumbeute.

Die Bienenkiste unseres Imkerkollegen Heinz Risse von der Mellifera-Regionalgruppe Berlin hängt im Baum eines Stadtgartens, in sechs Meter Höhe.

Einerseits ist es ernüchternd zu sehen, dass eine geglaubte Neuerfindung schon früher und manchmal fast bis auf den Zentimeter gleich gebaut worden ist. Andererseits ist es beruhigend und schön zu wissen, dass die Lösung, die man selbst gefunden hat, auch von anderen erfahrenen Imkerinnen und Imkern als bienengerecht und bienentauglich erachtet wurde.

Die Bienenkiste ist wohl die im Internet am besten dokumentierte Behausung und wird von einem ihrer Erfinder, Erhard Maria Klein, in zwei lesenswerten Büchern vorgestellt (siehe dazu den Literaturhinweis und die Internetadresse im Anhang).

Eines ist sicher: Die Vielfalt der Behausungen und die unzähligen Diskussionen über ihre Vor- und Nachteile sind Beweis dafür, dass die Bienenvölker der Form und Geometrie der Behausungen keine oder nur wenig Beachtung schenken. Sie verfügen über eine beachtliche Anpassungsfähigkeit an Höhlungen mit dem richtigen Volumen in allen möglichen und »unmöglichen« Formen.

Die Entwicklung der Mellifera-Einraumbeute

Thomas Radetzki, der Begründer und langjährige Imkermeister von Mellifera e. V., arbeitete über viele Jahre mit der Schwäbischen Lagerbeute, die als »Fachwerkbau« aus Strohwänden mit einem Gemisch aus Lehm, Kuhmist und Asche verputzt wurde. Diese Trogbeute verfügt über Hochwaben und erlaubt das Aufsetzen von kleinen Honigräumen. Auf diese Weise können Sortenhonige geerntet werden.

Neben dem Imkern mit der Lagerbeute fing er an, mit einer zweiten Trogbeute mit großen Waben zu arbeiten. Als er auf einer Bienenkonferenz in den USA erfuhr, dass der Kleine Beutenkäfer – ein fataler Schädling in Bienenvölkern – bei Störungen seine Reproduktionsrate drastisch erhöht, startete er zwei Initiativen. Die erste war eine politische Kampagne, mit der er erreichte, dass aus Ländern, in denen der Käfer nachgewiesen worden war, Bienenimporte in die EU verboten wurden. Die zweite bestand in der Entwicklung einer Beute, die Inspektionen erlaubte, ohne das Brutnest, wo sich der Kleine Beutenkäfer meist aufhält, zu stören: Das führte zur Geburt der Einraumbeute.

Radetzki stellte sein Konzept für eine neue Beute Anfang 2000 einigen Kollegen vor. An einem Wochenende konkretisierte sich die Idee, ein Bauplan entstand und dank eines Kollegen, der neben einer Imkerei auch eine Tischlerwerkstatt betrieb, wurden die ersten hundert Mellifera-Einraumbeuten mit einem mittigen Flugloch gebaut. Bei der Erweiterung des Brutnests werden in dieser Bienenbehausung die Rähmchen beidseitig symmetrisch neben das Brutnest gehängt, für die Honigernte ebenfalls. Dadurch kann das Bienenvolk ungestört, ohne Waben in ihrer gegebenen Position zu verändern, aus der Mitte heraus wachsen. Das Wichtigste aber ist: Das ganze Volk findet in einem einzigen Raum Platz und wird nicht in verschiedene Zargen oder Räume zerteilt. Insbesondere werden Honig- und Brutraum nicht durch ein Absperrgitter voneinander getrennt.

Auffällig ist die Hochwabe, die mit Absicht flächengleich zu derjenigen der Dadantbeute gewählt wurde, damit Honig in den handelsüblichen Schleudern gewonnen werden kann. In der Dadantbeute werden sie jedoch im Querformat verwendet. Die Drehung um 90 Grad hat weitreichende Folgen. Die Bienen scheinen den Durchmesser des Brutnests der Breite der Wabe anzupassen. Auf der Querwabe führt dies dazu, dass es ab einer gewissen Volksgröße nur dann kugelig angelegt werden kann, wenn die erste aufgesetzte Honigzarge mit bebrütet wird. Das ist der Grund dafür, dass die meisten Dadant- bzw. Magazin-Imker mit einem Königinnenabsperrgitter arbeiten.

Bei der Hochwabe der Einraumbeute wird der Durchmesser des Brutnestes ebenfalls der Wabenbreite angepasst. Deshalb entsteht in der Frühjahrsentwicklung auf jeder Wabe nicht nur ein kreisrundes Brutnest, sondern es wird auf jeder Wabe auch ein Honigkranz über dem Brutbereich eingelagert. Wenn sich auf jeder Brutwabe über dem Brutnest etwa 500 Gramm Honig befinden, sind nach der Honigernte, wenn das Volk auf zehn Waben brütet, immer noch fünf Kilogramm Honig für die Eigenversorgung der Bienen vorhanden.

Im Dadant-System wird das Brutnest dagegen so stark ausgedehnt, dass es im Brutraum für Vorräte keinen Platz mehr gibt – deshalb muss nach der Ernte zwingend und dringend gefüttert werden, wenn keine Nektartracht anschließt. Im schlimmsten Fall kann deshalb nach der Honigernte und bei zwei bis drei Wochen Regenwetter ohne Flugbetrieb und Sammelmöglichkeit im Sommer das Bienenvolk verhungern, wenn es nicht gefüttert wird.

Ohne Königinnenabsperrgitter

In der biologisch-dynamischen Bienenhaltung sind Königinnenabsperrgitter nicht erlaubt, in der Einraumbeute sind sie auch nicht nötig. Das Brutnest erreicht auf elf bis dreizehn Waben im fluglochnahen Teil seine größte Ausdehnung; im fluglochfernen Bereich wird der Honig eingelagert. Die Königin kann überall hingelangen – das ist für die Gesundheit des Bienenvolkes wichtig. Gegebenenfalls kann mit einer vollen Honigwabe eine breite Ausdehnung des Brutnestes über sehr viele Waben begrenzt werden, weil die Königin bei ihrer Eiablage diese Wabe nicht »überspringt«.

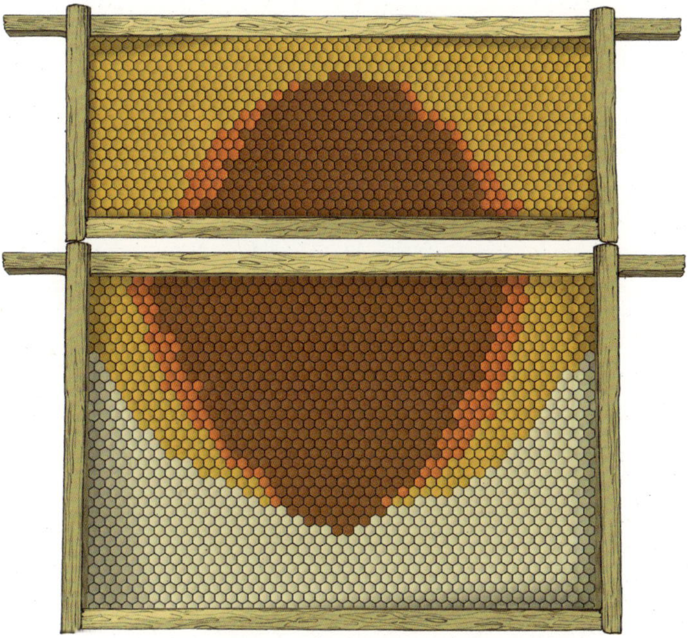

Die Bienenvölker legen im Frühjahr ein rundes Brutnest (braun) an, dessen Durchmesser sie an die Breite der Wabe anpassen. Deshalb brüten sie auf der Querwabe der Dadantbeute (Abb. oben) auch in die Honigzarge. Der Pollen (orange) wird nahe am Brutnest, der Honig (gelb) daran anschließend eingelagert. Auf der Hochwabe der Einraumbeute (Abb. unten) hat alles Platz: das runde Brutnest, der Pollenkranz und der Honigvorrat.

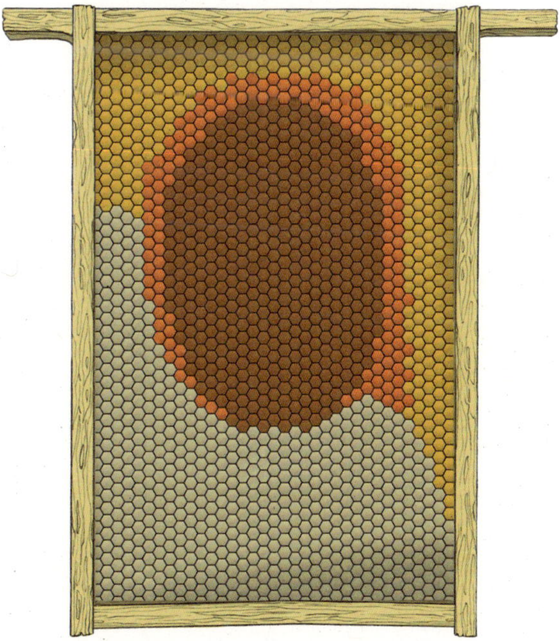

Für die Ernte werden bei der Einraumbeute die brutfreien Waben mit verdeckeltem Honig entfernt und in eine Wabentransportkiste gehängt. Hier zeigt sich ein weiterer Vorteil: Das Heben von bis zu 15 Kilogramm schweren Honigzargen wie beispielsweise im Dadant-System entfällt. Eine Einraumbeuten-Honigwabe wiegt voll verdeckelt maximal 3,5 Kilogramm und wird bei der Durchsicht des Bienenvolkes einzeln gehandhabt. Nicht zuletzt deshalb wird die Einraumbeute von einigen Imkerinnen gerne »Lady's Hive« genannt.

Für die Volksentwicklung ist der Honigkranz über der Brut optimal, weil er den Bienen immer eine gute Eigenversorgung mit Honig gewährleistet und keinen Stress durch Futtermangel aufkommen lässt. Das verwendete Wabenformat wurde für den Naturwabenbau optimiert und ermöglicht ein großes, zusammenhängendes Brutnest. Anders als bei allen bisherigen Systemen mit großen Brutraumwaben im Naturbau, bei denen im Honigraum ein zweites Wabenmaß erforderlich war, gibt es in der Einraumbeute nur ein einziges Rähmchenmaß.

Eine weitere Besonderheit der Einraumbeute ist, dass alle Proportionen der Beute im goldenen Schnitt gehalten sind. Das gilt für die Maßverhältnisse der Wabe sowie für die Beutenbreite im Verhältnis zur Höhe und zur Länge. Der goldene Schnitt ist ein universelles Gestaltungsprinzip der lebendigen Natur, welches in Pflanzen, Tieren und im menschlichen Körper in Erscheinung tritt. Er bezeichnet das ausgewogene Teilungsverhältnis zweier Größen zueinander, das wir als besonders harmonisch empfinden.

Weiterentwicklung der Einraumbeute

Die Erweiterung des Bienenvolkes und das symmetrische Füllen der Honigwaben auf beiden Seiten neben dem mittigen Flugloch sind ästhetisch und bienengerecht. Der Nachteil dieser Betriebsweise ist aber, dass im Sommer oft lange und zigarrenförmige Brutnester über zum Teil 16 Waben gebildet werden, die eine Honigernte auf diesen verhindern. Deshalb erhielten die nächsten Versionen der Einraumbeute zusätzlich ein Flugloch, das deutlich an den Rand des Kastens versetzt wurde. Die Symmetrie war gebrochen, doch konnte jetzt auch im fluglochfernen Teil, in dem die Bienen bevorzugt Honig einlagern, einfacher (und mehr) Honig geerntet werden als bei der Betriebsweise mit zentralem Flugloch. Weil die asymmetrische Anordnung nicht allen Imkern gefiel, setzten einige das Flugloch an die schmale Seite – eine Betriebsweise, die ebenfalls perfekt funktioniert, jedoch einen etwas stärkeren Schwarmtrieb zur Folge hat.

Die aktuelle Version der Einraumbeute zeichnet sich durch verschiedene Neuheiten aus. Die Wichtigsten sind:

- Ein geschlossener Boden, der es den Bienen erleichtert, das Mikroklima in der Beute zu regulieren.
- Eine ausgeklügelte Belüftung des Kastens, die weitgehend verhindert, dass sich Kondenswasser niederschlägt, wo Bienen das Kleinklima nicht regeln.
- Drei halbrunde Fluglöcher, die nach Bedarf geöffnet oder geschlossen werden können.

Die Einraumbeute ist tendenziell für eine extensive Betriebsweise konzipiert und entspricht den Demeter-Richtlinien für Bienenhaltung. Der Zeitaufwand für die Bewirtschaftung eines Volkes pro Jahr wird verringert, da das Volk auf weniger, dafür größeren Waben sitzt als in anderen Beuten. Falls es notwendig ist, Brutnestwaben zu ziehen, hat man direkten Zugriff darauf und muss nicht erst die Honigräume abnehmen. Die Verringerung der Häufigkeit und des Umfanges an Eingriffen bedeutet geringeren Stress für das Volk, der sich auch in der sanftmütigen Stimmung beim Arbeiten widerspiegelt. Heute sind etwa 3000 Einraumbeuten im Einsatz – Tendenz steigend.

Bauweise und Bestandteile der Einraumbeute

Die neue Einraumbeute bietet Platz für maximal 22 Rähmchen, auf welchen das Volk sein Brutnest entwickeln und seine Vorräte einlagern kann. Für den Winter und beim Aufbau der Jungvölker kann der Raum für die Bienen mit zwei Trennschieden (aus Stroh oder Holz) auf acht bis zehn Waben eingeschränkt werden. Die Beute wird mit einem Wachstuch und einer Dämmplatte gegen Wärme im Sommer und Kälte im Winter sowie mit einem Stülpdeckel aus Blech gegen Regen geschützt. Im hohen Boden finden für die Zählung von Milben zwei Varroadiagnose-Schalen Platz, die jeweils aus einer Unterschale und einem Schutzrost bestehen.

Die drei Fluglöcher befriedigen verschiedene Bedürfnisse: Dasjenige in der Mitte erlaubt eine Völkerführung wie in der ersten Version der Einraumbeute, ausgehend von wenigen Zentralwaben aus der Mitte heraus. Die beiden äußeren Löcher machen den Einstieg ins Imkern leichter und ermöglichen zudem, bei Bedarf auch einmal zwei Jungvölker in ihrem ersten Jahr in derselben Beute aufzuziehen. Dafür muss sie jedoch mit einem Brett bienendicht in zwei Räume unterteilt werden (siehe dazu Seite 56).

Der Blechdeckel hält Niederschläge ab, die Weichfaserplatte sorgt für eine gute Dämmung und das Bienenwachstuch liegt als schützende Decke auf den Rähmchen.

Es werden Rähmchen mit einem Oberträger verwendet, der die Baurichtung der Waben für die Bienen durch die Ausformung der Holzkante vorgibt. Das Einsetzen von Anfangsstreifen ist deshalb nicht mehr notwendig. Oberträger mit einer Nut, in die ein schmaler Mittelwandstreifen eingelegt und in den der obere Rähmchendraht zur Stabilisierung eingelötet wird, sind aber auch vielfach für diese Baurichtungsvorgabe in Gebrauch.

Als »Bee Space« wird der mittlere Abstand zwischen zwei Waben im Naturwabenbau von Bienenvölkern bezeichnet. Diesen Platz von 8 (+/-2) Millimetern nutzen die Bienen, um die benachbarten Wabenflächen belaufen zu können, ohne sich dabei zu stören. Sie verbauen sich diese »Gassen« auch nicht außerhalb der Waben, zwischen Rähmchenleisten und Kastenwand. Pilzkopf-Nägel oder Pilzköpfe aus Holz werden deshalb auf den Rähmchen angebracht (siehe Abbildung auf Seite 58). Sie gewährleisten diesen passenden Abstand zwischen den Rähmchen, auch wenn diese einmal zur Durchsicht herausgezogen und wieder zurückgehängt werden. Vier bis fünf Edelstahldrähte dienen zur Stabilisierung der Waben und Mittelwände. Sie verhindern, dass die frischen, noch weichen Waben abreißen, wenn viel Honig eingelagert wird.

Das Problem der Feuchtigkeit und der damit einhergehenden Bildung von Schimmelpilz im Raum, der nicht von Bienen besetzt ist, tritt bei vielen Beutensystemen immer wieder auf. In der neuen Einraumbeute wird es mit drei bienendicht vergitterten Löchern im Boden und einem Belüftungsschlitz oben an der Schmalseite weitestgehend verhindert. Beide Öffnungen können bis auf wenige Ausnahmen das ganze Jahr offen bleiben. Nur während der Varroabehandlung sollten sie verschlossen sein (siehe dazu Seite 119). Dabei kann auf die Lüftungslöcher im Boden einfach ein Sperrholzbrett oder ein Karton gelegt werden.

Auch während des Fütterns mit dem Futtereimer im leeren Raum sollte der obere Lüftungsschlitz durch den zugehörigen Verschluss geschlossen sein. Der im Futter enthaltene Honig oder andere Substanzen mit einem typischen Eigengeruch, beispielsweise Kräutertees, locken über eine unverschlossene Lüftungsklappe benachbarte Bienen von anderen Stöcken an. Sie werden so zur Räuberei animiert, besonders wenn sie gerade die gleiche Futtermischung bekommen.

Benötigt ein großes Volk alle 22 Waben, d. h. gibt es keinen Raum, der nicht von Bienen besetzt ist, werden die Lüftungslöcher und die seitliche Öffnung verschlossen, damit kein Luftzug entsteht und der Bienenstock bis auf das bewachte Flugloch keine duftenden Hinweise auf die Existenz von Brut- und Honigwaben in die Umgebung abgibt. Dasselbe gilt für die seitliche Öffnung für die Zeit, in der im Leerraum ein Gefäß mit Futter steht.

Die Baurichtung beeinflussen

Bienen bauen ihre Waben nicht beliebig nebeneinander, sondern haben dabei die Funktionen der Nutzung vor Augen. Dabei kommt es ihnen vor allem auf die Regelung des Kleinklimas über die Wabengassen an. Das heißt aber nicht, dass sie alle Waben exakt parallel ausrichten. Eine parallele Ausrichtung der Waben ist aber notwendig, wenn die Bienen ihre Waben in Rähmchen bauen sollen, die einzeln bewegt werden können. Deshalb ist eine Baurichtungsvorgabe am Oberträger eines Rähmchens erforderlich.

Der obere Lüftungsschlitz (Abbildung links) kann nach Bedarf geöffnet und geschlossen werden. Drei Löcher im Boden (oben rechts durch die geöffnete Arbeitsklappe zu sehen) sorgen für eine gute Luftzirkulation, wenn der Lüftungsschlitz geöffnet ist.

Die Beute wird über den Rähmchen mit einem Wachstuch aus Baumwolle oder Leinen verschlossen. Es ist dank der Naturmaterialien bienenfreundlich und erleichtert die Völkerdurchsicht. Alternativ kann auch ein fest gewebter Leinen- oder Baumwollstoff aufgelegt werden, den die Bienen anschließend selbst mit Propolis überziehen (siehe dazu Seite 154). Geht es nur darum, das Bienenvolk zu erweitern oder Honigwaben zuzusetzen, wird das Tuch lediglich so weit zurückgeschlagen, wie es die Arbeit erfordert. Die übrigen Rähmchen bleiben möglichst überdeckt. So werden die Bienen darunter nicht gestört. Vor allem für den Wärmehaushalt und das Mikroklima, das von den Bienen optimal reguliert wird, ist das wichtig.

Für die Begrenzung des Raumes, den die Völker besetzen, stehen zwei Arten von Trennschieden zur Verfügung: Beim Kauf der Einraumbeute werden für die Trennung zwei Dämmfaserplatten, die mit Hartholz verstärkt sind, mitgeliefert. Nebeneinander hängend, aber gegeneinander verschoben, schließen sie das Bienenvolk zum leeren Raum hin dicht ab. Die zweite, sehr gute Möglichkeit ist die Verwendung eines Strohschieds, das zusätzlich erworben werden kann und ebenfalls einen dichten Abschluss gewährleistet. Das Stroh hat die Eigenschaft, Feuchtigkeit aufzunehmen und wieder abzugeben. Für das Beutenklima ist das wichtig. Beide Arten des Trennschieds erlauben den Völkern, die Zirkulation der Stockluft in den besetzten Wabengassen optimal zu regeln.

Ein Trennschied aus Stroh oder aus Weichfaserholz ist für die Wärmeregulation wichtig. Mit ihm kann das Volk, wenn die Beute nicht komplett mit Rähmchen gefüllt ist, optimal eingeengt werden. Es trennt den leeren Teil der Einraumbeute, in dem beispielsweise im Winter keine Rahmen hängen, ab.

Maße und Bauteile der Einraumbeute

- Die Mellifera-Einraumbeute wird aus Weymouthskiefer-Leimholz hergestellt. Leinölfirnis wird bei Lieferung der Beute zum Selberstreichen beigelegt.
- Die Beute hat ein Innenmaß von 790 × 302 × 540 mm (L × B × H) und ein Außenmaß von 840 ×350 × 580 mm. Leer wiegt sie 14 kg.
- Mit der Zugabe oder Entnahme von Rähmchen kann dem Volk mehr oder weniger Platz gegeben werden. Maximal 22 Rähmchen (458 × 285 mm) haben in der Beute Platz, 21 Rähmchen inklusive vernickelte Pilzkopf-Nägel (7 mm) als Abstandshalter zum Selbstanbringen werden mit der Beute geliefert. Die Praxis hat gezeigt, dass das 22. Rähmchen bereits bei geringer Propolisierung kaum noch hineingeschoben werden kann, deshalb ist die Lieferung auf 21 Rähmchen begrenzt worden.
- Die Kiste ist mit drei runden Einfluglöchern, Lüftungslöchern im geschlossenen Boden und einem Lüftungsschlitz an der Stirnseite versehen.

Weitere Bestandteile der Einraumbeute sind:

- Ein Wachstuch (400 × 900 mm) zur Abdeckung des Bienenvolks aus kontrolliert biologisch angebauter Baumwolle und Bio-Bienenwachs. Es liegt direkt auf den Oberträgern der Rähmchen auf.
- Eine Abdeckplatte aus 18 mm dickem Weichfaserholz, die auf das Wachstuch aufgelegt wird und der Dämmung dient.
- Zwei Trennschiede zum Vergrößern und Verkleinern des Raums in Sandwichbauweise (20 mm Weichfaserplatte / 3 mm Pappelsperrholz).
- Ein Stülpdeckel aus Blech, ohne Nieten, mit integriertem Abstandshalter und UV-stabilem Gummiseil.

Erfahrungsberichte vieler Mellifera-Einraumbeuten-Imker führen immer wieder zu kleineren Anpassungen. Daraus können sich kleine Änderungen der hier angegebenen Maße im Millimeterbereich ergeben. Was sich nicht ändert, sind das Maß und die Gesamtzahl der Rähmchen.

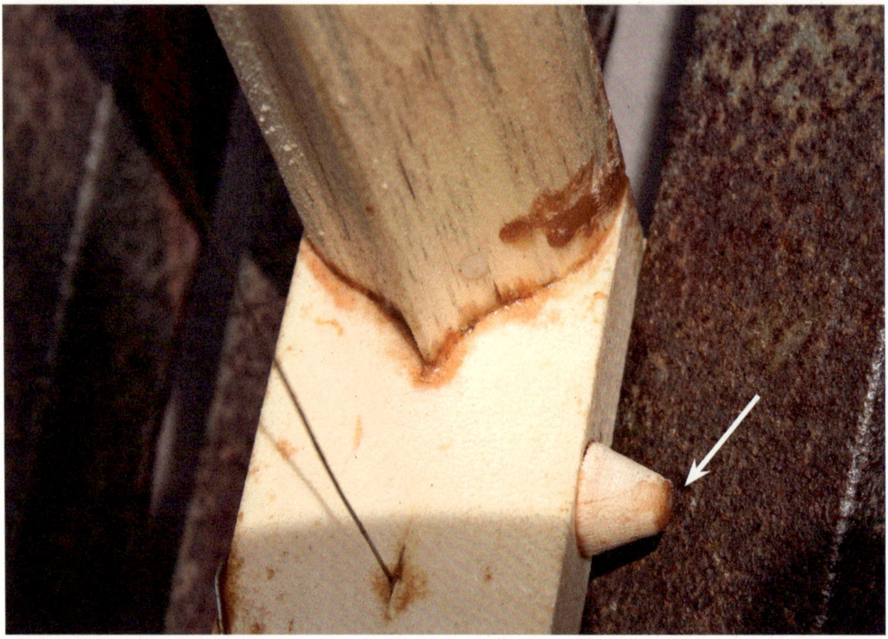

Das Bootsrumpfprofil des Oberträgers bringt die Bienen dazu, die Waben perfekt in die Rähmchen zu bauen. Pilzkopf-Abstandshalter (siehe Pfeil) stellen sicher, dass zwischen den Waben der sogenannte Bee space von 8 bis 10 mm eingehalten wird. Dieser Abstand erlaubt den Bienen, sich auf den Wabenflächen zu bewegen, ohne sich gegenseitig in die Quere zu kommen.

Nützliches Zubehör

Zusätzlich zur Einraumbeute empfehlen wir, auch eine Wabentransportkiste und eine Schwarmfangkiste anzuschaffen. Die Transportkiste wird benötigt, um Honigwaben vom Bienenstand zum Schleuderraum zu transportieren und die geschleuderten Waben aufzubewahren.

Die zweite Kiste kommt beim Einfangen von Schwärmen zum Einsatz. Beide Kisten sind so konstruiert, dass acht Waben eingehängt werden können. So ist es auch möglich, in ihnen über den Sommer hin einen Schwarm oder einen Königinnenableger (siehe Seite 92) aufzubauen. Die dünnen, leichten Sperrholzwände machen diese beiden Kästen aber für die kälteren Jahreszeiten oder das Überwintern von Völkern ungeeignet, weil die Bienen die Wärmeregulation darin kaum aufrechterhalten können.

Sperrholz und ein Drahtgeflecht sorgen bei der Schwarmfangkiste für eine leichte Bauweise und eine gute Belüftung. Ein Trichter kann vorgesetzt werden, wenn ein Schwarm vorweggenommen wird (Abb. unten). Die Bienen werden von den Rähmchen in den Trichter abgefegt. Sie laufen mit der Königin selbstständig durch das Flugloch ins Dunkle hinein. Am Gurt des Deckels (Abb. oben) bilden die Bienen ihre Schwarmtraube.

In der Wabentransportkiste (Abbildung rechts) finden acht Honigwaben Platz. Sie ist aus leichtem Sperrholz gebaut und kann leicht zum Schleuderraum transportiert werden. Das eingebaute Flugloch (unten) ermöglicht es, im Sommer vorübergehend ein Jungvolk einzuquartieren.

Original und Kopien

Weil die Zahl der Menschen, die mit der Einraumbeute imkern, immer weiter stieg, kamen auch andere Anbieter auf die Idee, sie zu bauen und zu verkaufen. Von Anfang an hat Mellifera e. V. bewusst auf Patente oder Musterschutz verzichtet, deshalb konnte dies ohne Nachfragen geschehen. Dem einen oder anderen Beutenbauer war es jedoch ein Anliegen, eine Erlaubnis für den Nachbau einzuholen. Unsere Antworten waren differenziert. Für den ausschließlich privaten Gebrauch wurde sie immer eindeutig gegeben. Wenn mit dem Nachbau der Beute die Absicht verbunden war, Geld zu verdienen, hat Mellifera e. V. darum gebeten, dem gemeinnützigen Verein von den Gewinnen einen Teil als Spende zu überweisen. Es gibt Hersteller, die dieser Bitte nachkommen. Es gibt aber auch andere, die die Beute gewerblich anbieten, ohne in Beziehung zu Mellifera e. V. zu stehen.

Achten Sie auf das Rähmchenmaß, bei einzelnen Anbietern gibt es Abweichungen, sodass die Beuten untereinander nicht kompatibel sind und Rähmchen nicht einfach umgehängt werden können.

Verschiedene Einraumbeuten-Hersteller und eine Anleitung zum Selbstbau mit einer Zuschnittliste für Holz aus dem Holzfachhandel oder Baumarkt sind auf unserer Homepage (siehe Seite 168) zu finden.

Fast täglich holen sich Imkerinnen und Imker bei uns per Telefon oder E-Mail Rat zu Fragen der Betriebsweise, unabhängig davon, welche Einraumbeute sie gekauft haben. Das ist verständlich, denn in unserer Lehr- und Versuchsimkerei wurde sie entwickelt und zeitweise waren bei uns weit über 100 Einraumbeuten in Betrieb; wir verfügen deshalb über die größten Erfahrungen mit der Betriebsweise. Durch die steigende Zahl von Ratsuchenden ist es heute personell nicht mehr zu schaffen, alle Anfragen zu beantworten, gerade auch weil Beutenhersteller ihre eigenen imkerlichen Vorstellungen von zweckmäßigen und preiswerten Lösungen umsetzen, deren Kunden aber Beratung bei uns suchen.

Dieses Buch hat in den Beschreibungen vor allem das Original von Mellifera e. V. im Fokus. Unsere Beuten werden in einer sozialtherapeutischen Institution in Deutschland hergestellt und sind mit dem Mellifera-Logo gekennzeichnet.

Alle Beutensysteme gelten als Mellifera-Einraumbeuten, wenn das Rähmchen-Außenmaß 458 mm hoch und 285 mm breit ist und 22 dieser Rähmchen nebeneinander im Kasten Platz haben. Die Form des Oberträgers, die lichte Höhe im Bodenbereich, der geschlossene oder offene Gitterboden, die Lage der Reinigungsöffnung im Bodenbereich oder die Dicke der Holzwände spielen in der Praxis zwar eine Rolle, sind aber für grundlegende Arbeiten von untergeordneter Bedeutung. Deshalb sind wir zuversichtlich, dass dieses Buch allen Imkerinnen und Imkern bei ihrer Bienenhaltung in der Einraumbeute eine Hilfe sein kann.

Mit dem Imkern beginnen

Bevor man sich entschließt, eine oder mehrere Einraumbeuten anzuschaffen, sollte man sich in Ruhe über ein paar Punkte klar werden. Ansonsten sind Frust und Irritationen garantiert.

Der erste Punkt betrifft die Frage nach der Völkerdichte. Sie ist nicht einfach zu beantworten, weil es nur bedingt möglich ist, herauszufinden, wie viele Bienenvölker im Umkreis von drei bis zu fünf Kilometern – dem Flugradius eines Volkes – stehen. Ist die Zahl hoch (mehr als 20 Völker pro km^2) muss man eventuell darauf verzichten, neue Bienenvölker aufzustellen. Besonders in Städten gibt es heute so viele Völker, dass sie sich auch unter optimalen Bedingungen nicht mehr ausreichend mit Pollen und vor allem Nektar versorgen können. Selbstverständlich kann den Völkern in Trachtlücken mit einer Beifütterung von Zuckerwasser geholfen werden. Doch selbst dann, wenn die Zusammensetzung mit Kräutertee und Honig gut und schmackhaft ist, kann sie Nektar und Honig nie ersetzen.

Wir empfehlen, sich mit Gleichgesinnten zusammenzutun und eine Imkergemeinschaft zu bilden. Es macht oft mehr Spaß, gemeinsam an den Völkern zu arbeiten, sich über Maßnahmen aus unterschiedlichen Blickwinkeln zu unterhalten und Entscheidungen gemeinsam zu treffen. Dadurch entspannt sich auch die Situation während der Schwarmzeit. Viele wären erleichtert, wenn sie nur alle zwei oder drei Wochen eine Kontrolle machen müssten. Ansonsten gibt es von Anfang Mai bis Ende Juni keine bienenfreien Wochenenden. Imkere ich mit zwei Kolleginnen oder Kollegen, brauche ich nur alle drei Wochen eine Schwarmkontrolle zu machen.

Der Besuch eines Kurses in wesensgemäßer Bienenhaltung ist unbedingt zu empfehlen. Bei vielen Imkervereinen sucht man vergeblich nach Hilfe und Unterstützung für die Arbeit während des Schwarmtriebs, weil meist die Unterdrückung dieses elementaren Triebs gelehrt wird. Man findet dort auch kaum Ratschläge zum Naturwabenbau, weil die Imkerkolleginnen und -kollegen ausschließlich mit Mittelwänden arbeiten. Und oft wird auch die Standbegattung der jungen Königinnen sehr skeptisch betrachtet, weil die Meinung vorherrscht, dass eine erfolgreiche Bienenhaltung ohne künstliche

Königinnenzucht nicht möglich ist. Schließlich ist es ermüdend, sich am Imkerstammtisch immer wieder mit kritischen Bemerkungen auseinanderzusetzen, weil die Völker in einer Einraumbeute statt in einem Magazin gehalten werden.

Auf der Homepage von Mellifera e. V. (Adresse siehe Seite 168) finden Sie verschiedene Ausbildungskurse, in denen vielseitig auf imkerliche Betriebsweisen in der Einraumbeute, aber auch verschiedener anderer Bienenstöcke eingegangen wird. Zu Fragen der Schwarmbetriebsweise, dem Naturwabenbau und dem Verzicht auf künstliche Königinnenzucht bringen diese Kurse Gleichgesinnte zusammen. Mellifera-Regionalgruppen an vielen Orten ermöglichen einen fruchtbaren und anregenden Austausch mit Freunden, die in ihrer Bienenhaltung dieselben Absichten und Ziele verfolgen.

Bedenken sollen Sie auch die Zeit, die fürs Imkern aufgewendet werden muss. Über den Daumen gepeilt sind es am Anfang einer Imkerlaufbahn durchschnittlich etwa 30 Minuten pro Volk und Woche. Das klingt erst einmal nicht nach viel. Aber die Arbeiten fallen nicht jede Woche und nicht alle an den Bienenvölkern an, sondern es wechseln Phasen, wo viel zu tun ist, mit anderen ab, in denen wenig zu machen ist. Die Arbeiten richten sich nach den Notwendigkeiten und Bedürfnissen der Völker. So sind in der Schwarmzeit wöchentliche Inspektionen notwendig, wenn man keine Schwärme verlieren will oder beabsichtigt, eine Schwarmvorwegnahme (siehe Seite 88) zu machen. Wirtschaftsvölker müssen bei Beginn von großen Trachten zügig erweitert werden, was ebenfalls Zeit in Anspruch nimmt. Und falls es Honig zum Ernten gibt, sollte er geschleudert und zeitnah abgefüllt werden, um Qualitätsverluste zu vermeiden.

Oft müssen Schwärme und Jungvölker regelmäßig gefüttert werden, damit das Wabenwerk zügig errichtet wird. Ab Juli sind monatliche Zählungen der Milben angesagt und eventuell muss eine Varroabehandlung durchgeführt werden. Und ab August gilt es in den allermeisten Fällen, Völker für einen ausreichenden Wintervorrat aufzufüttern. All diese Arbeiten lassen sich gut bewältigen, sie sollten aber in die jeweilige Lebenssituation der Imkerin oder des Imkers passen.

Wo auch immer die Völker aufgestellt werden, muss bei den Landeigentümern der Bienenstandorte eine Einwilligung eingeholt werden. Zudem muss das regionale Veterinäramt über die Bienenhaltung der gesamten Imkerei

Köchin und Freizeitimkerin Sarah Wiener hat für mehrere Einraumbeuten Hochstände an ausgewählten Plätzen gebaut. Sie liegen weit auseinander und in einer Umgebung, die dem Bienenvolk reichlich Nahrung und die Möglichkeit zur individuellen Entwicklung bietet.

unterrichtet sein, damit bei Krankheiten, die ein sofortiges Handeln erfordern, entsprechend umfassend reagiert werden kann. Mit der Anmeldung beim Veterinäramt verpflichtet man sich auch, die Varroamilbe zu bekämpfen.

Man sollte die Information der Grundstücksbesitzer oder auch der Nachbarschaft nicht nur als lästige Pflicht, sondern als Gelegenheit ansehen, Menschen über die Situation der Bienen zu unterrichten oder sie sogar zu einem Besuch bei den Völkern einzuladen. Nicht selten geschieht es, dass die Bienen auch Skeptikerinnen und Skeptiker verzaubern.

Vorbereiten und Aufstellen der Einraumbeute

Die Einraumbeute ist eine handwerklich aufwendig konstruierte Bienenwohnung, deshalb empfehlen wir, sie mit einem bienen- und umweltfreundlichen Mittel zu imprägnieren. Sie sollte anfangs einen zweifachen Anstrich erhalten. Die beweglichen Holzteile wie Fluglochstopfen, Lüftungsklappe, Revisionsklappe, Falze und Taschen sollen auch auf den umlaufenden Randflächen gestrichen werden.

Bei der Wahl einer Lasur muss darauf geachtet werden, dass sie Pigmente enthält, die den nötigen UV-Schutz gewährleisten. Ein Innenanstrich im Bienensitz ist nicht erforderlich und muss unterlassen werden. Bienen überziehen den Raum, in dem sie leben, allmählich mit einer Propolisschicht (mehr dazu auf Seite 154). Die Stärke der Propolisierung wechselt von Volk zu Volk. Man darf aber darauf vertrauen, dass die Bienen ihre Bedürfnisse an das Kleinklima im Bienenstock gut kennen.

Wenn Sie schon imkern, können Sie einige Tage, bevor Sie einen neuen Schwarm in die Einraumbeute einlogieren, die Innenflächen mit etwas Propolistinktur, einem Hauch von Zitronengrasöl oder mit einem Büschel Melisse einreiben. Dadurch fühlen sich die Bienen in der neuen Wohnung gleich etwas mehr zu Hause.

Ein Renovierungsanstrich der Außenwände ist bei Verwendung hochwertiger Naturfarben frühestens nach vier Jahren erforderlich. Er kann bei wasserverdünnbaren Lasuren oder Leinölfirnis im Freien notfalls auch bei Bienenbesatz erfolgen. Vor allem aber sollte die Einraumbeute dann, wenn sie einmal leer ist, überprüft, ausgebessert und wenn nötig, mit einem weiteren Anstrich erneuert werden. Weil Bienen über einen sehr feinen Geruchssinn verfügen, sollte der Anstrich vor der Besiedlung mit einem Bienenvolk immer gut abgetrocknet sein.

Die Arbeitshöhe kann an die individuelle Größe der Imkerin oder des Imkers angepasst werden, um Arbeitsabläufe zu erleichtern und den Rücken zu schonen. Sie stimmt dann, wenn man ohne starkes Bücken leicht von oben in die Wabengassen schauen kann. Gleichzeitig sollte man Waben ziehen können, ohne auf den Zehenspitzen stehen zu müssen. In der Praxis wird die Einraumbeute auf 25 bis 40 Zentimeter hohe Steine oder Holzgestelle positioniert. Wichtig ist, dass sie exakt im Lot steht, sonst kann es geschehen,

Die Lasur für den Außenanstrich der Einraumbeute muss genügend Pigmente enthalten, um sie vor Verwitterung zu schützen. Ansonsten sind der Fantasie keine Grenzen gesetzt.

dass die Bienen zwar am Oberträger eines Rähmchens mit dem Wabenbau beginnen, der Vollausbau aber schräg oder unten im nächsten Rähmchen endet.

Ein Abstand zwischen einzelnen Bienenvölkern von mindestens 40 Metern verringert den Verflug von Arbeitsbienen deutlich. Besonders den Freizeitimkerinnen und -imkern mit sehr wenigen Völkern und ausreichend Platz im eigenen Garten oder in der nahen Umgebung möchten wir diesen Mindestabstand empfehlen.

Über den richtigen Standort können Imker ebenfalls stundenlang philosophieren, doch oft muss man sich nach den Gegebenheiten richten, besonders wenn man die Bienen im eigenen Garten halten möchte. Vorteilhaft ist es,

darauf zu achten, dass das Flugloch nicht nach Norden weist, damit besonders in der kühlen Jahreszeit der kalte Wind nicht in die Beute bläst. Auch die Ausrichtung nach Westen ist ungünstig, weil Regen meist aus dieser Richtung kommt. Halbschatten ist ideal, doch kommen die Völker auch unter der prallen Sonne zurecht, wenn sie in der Nähe (wenige 100 Meter) eine Möglichkeit haben, Wasser zu holen. Ist das Flugloch nach Südosten ausgerichtet, wird das Volk am Morgen mit dem ersten Sonnenlicht geweckt.

Ein weiterer wichtiger Aspekt betrifft Ihre Nachbarn. Die Einraumbeute sollte so aufgestellt werden, dass die Bienen das Grundstück von Nachbarn bereits hoch über deren Köpfen überfliegen. Das ist für ein einvernehmliches Miteinander, vor allem im eng bebauten Wohngebiet, wichtig. Im Siedlungsraum kann man viel unternehmen, um gefürchtete Bienenbegegnungen zu vermeiden. Büsche und Sträucher neben den Kisten sind Leitplanken für den Bienenflug. Sollte in der Nähe der Völker ein Fußweg oder eine Straße vor den Fluglöchern vorbeiführen, kann man mit einem zwei Meter hohen Zaun oder einer entsprechenden Bepflanzung die Bienen zu einem steilen Abflug und einer ebenso steilen Rückkehr zur Beute animieren. Sie schaffen das ohne

Probleme. Wir haben schon erlebt, dass mit solchen Maßnahmen niemand die Anwesenheit unserer kleinen Freunde zur Kenntnis nahm.

Ob ein Standort gut oder schlecht für die Bienen ist, hängt auch sehr von der Trachtsituation ab. Thomas Seeley hat nachgewiesen, dass die Völker auf seinem Bienenstand knapp 50 Prozent des Honigs im Umkreis mit einem Flugradius von 1,6 Kilometer sammeln. Für die restlichen 50 Prozent fliegen sie aber bis zu fünf(!) Kilometer weit. Der Sammel-Flugradius ist im Durchschnitt 2,2 Kilometer groß. Im Radius von drei Kilometern sollte deshalb in der gesamten Bienensaison ausreichend Tracht vorhanden sein, am liebsten ohne intensive Landwirtschaft – Pestizide schaden den Völkern.

Man muss auch daran denken, dass es nur eine geringe Zahl von Pflanzenarten erlaubt, große Nektarmengen einzusammeln: Kirsche, Löwenzahn, Bergahorn, Apfel, Robinie, Raps, Linde, Kastanie und Honigtau verschiedener Laubbäume sowie Fichte und Weißtanne sind meistens gute Quellen. Immer kann jedoch der Jahreslauf mit unterschiedlichen Regenereignissen und unterschiedlichen Wärmeperioden die Nektarproduktion der Pflanzen stark beeinflussen.

Der subjektive Aspekt ist bei der Wahl des Standorts ebenfalls wichtig. Imkerinnen und Imker müssen sich am Bienenstand wohlfühlen. Erleben sie, durch welche Einflüsse auch immer, Stress, werden sie diesen mit Sicherheit an die Völker weitergeben. Können sie am Standort entspannt arbeiten, werden ihnen die Bienen freundlich begegnen. Man muss jedoch auch beachten, dass Faktoren, die den Menschen stören, für die Bienen keine Bedeutung haben – und umgekehrt. Straßenlärm stört die Imkerinnen und Imker, aber nicht die Bienen. Leichte Erschütterungen nimmt der Mensch kaum wahr, die Biene hingegen schon. Es empfiehlt sich, für die Wahl des Standortes in allen Jahreszeiten Eindrücke zu sammeln. Ein Platz, der in der warmen Sommersonne zum Verweilen einlädt, kann an kühlen und grauen Herbsttagen abweisend und bedrohlich wirken. Auch wenn Untersuchungen gezeigt haben, dass Völker nur auf den Standort reagieren – viel Tracht, wenig Tracht, früher Flug oder später Flug – für Sanftmut oder Stechlustigkeit der Völker ist der Imker selbst ein entscheidender Faktor.

Ein Schwarm zieht ein

Schwärme können zur Schwarmzeit, zwischen Mitte April und Ende Juni, am einfachsten als Naturschwarm, vorweggenommener Schwarm oder als Kunstschwarm von Imkern aus der Umgebung bezogen werden. Wir empfehlen, mit einem Naturschwarm oder vorweggenommenen Schwarm zu beginnen, weil hier die Bienen aus ein und demselben Volk stammen. Weil die meisten Imker ihre Bienen heute als Ableger auf dem eigenen Rähmchenmaß vermehren und dann diese Rähmchen auch nur in einen speziellen Kasten passen, ist es mancherorts nicht einfach, einen Schwarm zu bekommen. Imker bezeichnen Bienen ohne Waben und Rähmchen als nacktes Volk. Fragen sie also nach einem Schwarm, einem Kunstschwarm oder einem nackten Volk. Es ist ratsam, frühzeitig mit Imkern Kontakt aufzunehmen und den Wunsch nach einem oder mehreren Schwärmen zu besprechen. Oft kann der Vorstand des lokalen Imkervereins helfen, denn er weiß, wer Schwärme abgibt. Weitere Möglichkeiten bieten das Mellifera-Netzwerk, die Regionalgruppen oder die Schwarmbörse (Adressen siehe Seite 168). Weil sich die Imker in einer Region oft kennen, fragen Sie bei Absagen nach möglichen anderen Kontakten, um an Völker zu kommen.

Das Einlogieren des Schwarms in die vorbereitete Einraumbeute sollte bei schönem Wetter und bei Außentemperaturen mit normalem Bienenflug geschehen. Sonst kann es sein, dass sich das Bienenvolk unten auf dem Kastenboden sammelt und nicht an die Oberträger der leeren Rähmchen aufsteigt.

Der Schwarm zieht ein

Zum Einschlagen eines Schwarms wird die Einraumbeute vorbereitet. War sie noch nie besetzt, wird sie reichlich mit einem Bund Zitronenmelisse eingerieben, mit wenig natürlichem Zitronengrasöl bespritzt oder mit Propolistinktur (siehe dazu Seite 155) eingepinselt. Bienen mögen kein neu bearbeitetes Holz. Die Wände von benutzten Beuten werden sorgfältig mit dem Stockmeißel abgekratzt und mit einer Lötlampe ausgeflammt.

Danach werden über dem künftigen Flugloch (Anfänger nehmen am besten das von den Lüftungsöffnungen am weitesten entfernte) je nach Schwarmgröße fünf bis sieben leere Rähmchen eingehängt. Ein wenig Honig wird an die Oberträger geschmiert. Dieser lässt die Bienen später rasch aufsteigen, wo sie sich dann als Traube ähnlich wie im Schwarmfangkasten aufketten.

Die Rähmchen werden seitlich mit einem Trennschied begrenzt und mit dem zurückgeschlagenen Wachstuch zugedeckt. Der Rest der Beute bleibt offen. In diesen leeren Raum wird der Schwarm vom Deckel der Schwarmfangkiste abgestoßen – die Bienen suchen eilig die dunkle Seite mit den Rähmchen auf.

Viel schöner ist jedoch, den Schwarm durchs Flugloch einlaufen zu lassen – also nicht durch das Dach, sondern durch den Haupteingang. Die Einraumbeute wird wie oben beschrieben vorbereitet, die Rähmchen werden eingehängt; das Wachstuch bleibt ebenfalls zurückgeschlagen. Vor das Flugloch wird eine schräg nach unten geneigte Platte gelegt und der Schwarm aus der Kiste darauf abgestoßen.

Wenn die Bienen bis auf wenige einzelne in dem dunklen Rähmchenraum verschwunden sind, wird das Wachstuch auch über den offenen Bereich gelegt, wobei ein Rähmchen in der Mitte des leeren Raumes das Wachstuch gut unterstützt und es nicht in den leeren Raum hineinfallen lässt. Dann werden die Weichfaserplatte und darüber der Metalldeckel aufgelegt und mit dem Gummiseil fixiert.

Es gibt zwei Möglichkeiten, einen Schwarm in die Beute zu bringen. Klassisch ist das Einschlagen, eindrucksvoller das Einlaufenlassen (siehe Seite 71).

Ganz wichtig: Spätestens am nächsten Tag kontrolliert man, ob das Volk dort sitzt, wo man es gerne haben möchte. Falls das nicht der Fall ist, bewegt man die Rähmchen an den Ort, wo die Bienen gegebenenfalls am Wachstuch ohne Rähmchen hängen. Zuvor müssen sie vom Wachstuch auf den Beutenboden nach unten abgestoßen werden. Der umgekehrte Vorgang, die Bienen zu den Rähmchen zu bringen, ist selten erfolgreich, wenn sie sich einen anderen Platz im Kasten ausgesucht haben. Jetzt werden an beiden Seiten direkt neben die Rähmchen Trennschiede eingehängt, um den Raum für die Bienen zu begrenzen. Sie werden so den Weg vom Beutenboden in die Rähmchen finden. Sobald das Volk die erste Brut pflegt, können die Rähmchen an den Ort verschoben werden, den der Imker für richtig hält. Die Bienen werden bei der Brut bleiben!

Zum wunderschönen Schauspiel, wie die Bienen zuerst zögerlich, aber spätestens wenn die Königin den Weg in die Kiste gefunden hat, in eiligem Gewusel durch das Flugloch in die dunkle Beute rennen, können Familie, Freunde und Kinder eingeladen werden. Vor Stichen braucht man keine Angst zu haben, wenn der neue Schwarm einlaufen darf.

Futter für das Jungvolk

In den meisten Fällen müssen die Völker zunächst gefüttert werden, da die Trachtsituation nicht für einen zügigen Wabenbau ausreicht. Die Fütterung kann bereits am ersten, besser am nächsten Abend erfolgen. Mutterschwärme mit der begatteten Königin bauen sehr schnell, in weniger als drei Wochen haben sie das Wabenwerk mit acht bis zwölf Waben errichtet. Das ist auch gut so, weil sie bereits nach zwei Wochen mit dem Drohnenbau beginnen.

Es gehört zum jungen Volk mit einer alten Königin (Weisel), dass es selten wieder ans Schwärmen denkt. Falls das Volk mit der Königin nicht zufrieden ist, wird es ohne Aufregung, still und heimlich umweiseln, d. h. die alte durch eine junge Königin ersetzen.

Die Fütterung echter Mutterschwärme wird mit einer einmaligen Gabe von fünf Litern Zuckerwasser gemacht. Vorweggenommene Mutterschwärme (siehe Seite 88) erhalten drei Liter und nach fünf bis zehn Tagen noch einmal dieselbe Menge. Wird keine Tracht eingetragen, muss in beiden Fällen nachgefüttert werden.

Fütterungen finden am besten abends nach dem Sammelflug statt, weil dadurch das Risiko der Räuberei minimiert wird. Es ist immer wieder erstaunlich zu sehen, dass große Schwärme das Futter in einer Nacht aufnehmen. Das Futter wird neben dem Trennschied in den leeren Raum gestellt. Man kann dazu einen Futtereimer mit einem Siebdeckel für flüssige Fütterung auf zwei Leisten stellen. Die Bienen laufen zur Abnahme zur Siebfläche darunter und saugen mit ihrem Rüssel das Futter auf. Man muss darauf achten, dass der Deckel dicht verschlossen ist, sonst strömt Luft in den Eimer und das Futter läuft durch das Sieb auf den Beutenboden aus. Man kann aber auch einen beliebigen Eimer oder ein anderes Gefäß offen hineinstellen.

Wird ein offenes Futtergeschirr verwendet, geht die Abnahme oft schlagartig in einer Nacht. Deshalb sollten bei kleinen Volkseinheiten die Futterportionen am Anfang nicht zu groß sein. Ein kontinuierlicher Futterstrom, beispielsweise über einen Futtereimer mit Sieb oder wiederholte kleinere Portionen sind am besten (siehe Seite 94). Wenn später eine größere Wabenfläche die Futterstöße auffangen kann, sind Portionen mit fünf und wenn nötig auch zehn Litern (Winterfütterung von großen Völkern) möglich.

Zubereitung des Futters

Zunächst bereiten wir einen Kräutertee zu. Kamillenblüten und eine Prise Salz sind obligatorisch, wir fügen außerdem alle Heilkräuter hinzu, die wir im Garten finden.

Dem Tee wird kristallisierter, d. h. raffinierter Zucker aus zertifiziertem ökologischen Anbau beigegeben. Diese Wahl ist nicht dem Nährstoffgehalt des Zuckers geschuldet, er unterscheidet sich nicht von demjenigen aus dem konventionellen Anbau. Konventioneller Zucker wird jedoch mit sehr vielen Pestiziden und Fungiziden erzeugt, die die Umwelt massiv belasten.

Ist die Temperatur des Tee-Zucker-Gemischs auf unter 40 °C (handwarm) gesunken, werden 10 Gewichtsprozente (auf die Zuckermenge bezogen) Honig aus eigener Imkerei oder von einer vertrauenswürdigen Quelle eingerührt. Höhere Temperaturen zerstören die wertvollen Enzyme. Honige aus dem Supermarkt können wir nicht empfehlen, weil sie oft mit Sporen der Amerikanischen Faulbrut verunreinigt sind.

Die Zusammensetzung des Futters variiert je nach Jahreszeit:

- Bis Ende Juni: 1 Teil Kräutertee, 1 Teil Zucker, 10 Gewichtsprozent Honig
- Ab Juli: 2 Teile Kräutertee, 3 Teile Zucker, 10 Gewichtsprozent Honig. Ein bewährtes Mischungsverhältnis ist: 2 l Kräutertee, 3 kg Zucker und 300 g Honig.

Gilt es, nur wenige Bienenvölker zu füttern, ist es am einfachsten, das Futter jedes Mal frisch zuzubereiten. Der heiße Tee wird direkt zum Zucker gegeben. Durch das Auflösen geht die Temperatur schnell zurück, und der Honig kann bald untergerührt werden

Damit die Bienen nicht im offenen Futter ertrinken, werden etwas Stroh, besser noch duftendes Heu oder Holzwolle in Bio-Qualität in den offenen Eimer gegeben. Ist der Eimer neu und glatt, sind Fichtenzweige im Futter, die an der Beutenwand anliegen, eine willkommene Einstiegshilfe. Alternativ kann die Eimerwand mit Schmirgelpapier aufgeraut werden. Der Eimer sollte an der Kastenwand und am Trennschied anstehen, damit die Bienen leichter rein- und rauskommen. Insbesondere bei Gefäßen mit Wulstrand können die Bienen sonst nicht in das Gefäß klettern.

Stroh oder Heu im Futtereimer dienen den Bienen im Futtereimer als Landeplatz.

An vielen Standorten finden die Bienen nicht genug Nektar, um die Wintervorräte aufzubauen, deshalb muss gefüttert werden. Bei Jungvölkern mit jungen Königinnen wird der für die Überwinterung notwendige Futtervorrat während der Bienensaison aufgebaut.

Ausnahmsweise: Futterteig

Manchmal wird auch Futterteig verwendet, der ebenfalls in einem offenen Eimer gegeben werden kann. Er wird von den Bienen als Notvorrat nur abgenommen, wenn weder Nektar noch flüssiges Futter verfügbar ist. Doch er unterstützt den Bautrieb nicht. Deshalb empfehlen wir, ihn nur in speziellen Situationen zu verabreichen, beispielsweise wenn man in den Urlaub fährt oder keine Zeit findet, die Völker wöchentlich zu besuchen und gegebenenfalls zu füttern.

24

74

Imkern im Jahreslauf

Bienenvölker wohnen zumindest in unseren Breitengraden in Höhlungen oder Bienenkästen, die sie als Hülle vor Regen und Schnee, großer Hitze und Kälte schützen. Trotzdem sind sie dem Wetter in einem ganz anderen Maß ausgeliefert als wir in unseren Häusern mit Heizung oder Klimaanlage und mit künstlichem Licht, mit dem wir die aktive Tageslänge nach Belieben verlängern können. Aber auch die Bienen können ihren Wohnraum heizen, kühlen, belüften, entfeuchten, reinigen und vieles mehr. Und so wie wir in einzelnen Zimmern die Temperatur unterschiedlich regeln, machen sie dasselbe auch in einzelnen Wabengassen. Dazu müssen sie aber immer in Gruppen zusammenarbeiten, und es bedarf der körperlichen Anstrengung einer jeden Biene, die sich daran beteiligt. Es ist auffallend, dass zwar die Biografie einer Arbeitsbiene aus einer eindeutigen Abfolge von unterschiedlichen Tätigkeiten besteht, sich am Wärmen des Brutnests und des Stockes aber alle Bienen unabhängig ihres Alters beteiligen.

Nicht nur im Winter braucht es Honigvorräte, um ausreichend Energie für diese Feinregulierungen zu bekommen. Auch in Zeiten, in denen kein Nektar eingetragen werden kann, weil es regnet oder zu kühl ist, hilft der Honig den Bienen, die Lücke zu überbrücken. Einer der bekanntesten Bienenwissenschaftler, Martin Lindauer, verbindet genau diese Fähigkeit der Temperaturregulierung im Bienenstock mit ihrer Jahrmillionen anhaltenden evolutionären Erfolgsgeschichte.

◀ Dem emsigen Treiben im Sommer und Herbst folgt die Winterruhe. Die Bienen sitzen in der Einraumbeute eng zusammen. Löcher im Boden der Einraumbeute sorgen für ausreichende Belüftung, auch wenn das Flugloch zugeschneit ist.

Auswinterung und Frühling

Den Anfang des Bienenjahres definieren Imkerinnen und Imker unterschiedlich. Es gibt Gründe, es mit dem Aufziehen gesunder Winterbienen, die das Bienenvolk durch die kälteste Jahreszeit bringen, in Verbindung zu setzen. Wir selber sehen den Beginn im ausklingenden Winter, wenn sich die Wintertraube langsam auflöst, Brut gepflegt wird und die Winterbienen immer mehr durch Sommerbienen abgelöst werden. Sie sind auch für uns Menschen im Spätwinter an ersten warmen Tagen in der Natur sichtbar summend unterwegs und kündigen den Frühling an. Die kuschelige Enge, die mit einer Wärmebildkamera an kalten Tagen, an denen keine einzige Biene den Bienenstock verlässt, sichtbar gemacht werden kann, wird jetzt aufgegeben. Die Winterbienen teilen sich die verschiedenen Aufgaben im Stock drinnen und in der Umgebung draußen.

Der Vorfrühling mit der Haselblüte, dem ersten nennenswerten Pollenspender, schiebt die Bruttätigkeit in den Völkern merklich an. Weil in dieser Zeit Kälteeinbrüche häufig sind, ist die Wärmeproduktion mit erheblichen Anstrengungen verbunden, weil das noch kleine Brutnest konstant auf knapp 36 °C warm gehalten werden muss. Bei Temperaturen ab 11 °C sind die Bienen gerne draußen unterwegs. Sie entleeren ihre Kotblasen, sammeln den Haselpollen als frische Eiweißnahrung für ihre Maden und tragen Wasser ein.

Mit der Blüte der Salweide wird das Brutnest sehr stark erweitert. In wenigen Wochen erreicht die Königin die maximale Eilegerate von 1500 bis 2000 Eiern pro Tag. In den nächsten 21 Tagen werden sich daraus junge Bienen entwickeln. Für die alten Winterbienen beginnt jetzt die anstrengendste Zeit ihres Lebens.

Wenige Bienen müssen in den ersten Frühlingswochen sehr viel Brut pflegen. Der Ausdruck »Durchlenzung« bezeichnet diese kritische Situation im März. In diesem Monat sterben viele abgearbeitete Winterbienen ab. Jetzt tut eine gute Eiweißversorgung der Brut not, damit kräftige und gesunde Jungbienen schlüpfen, die dann die alten Winterbienen zunehmend ersetzen.

Doch nicht nur ein vielfältiges Pollenangebot ist im Frühling wichtig. Neben der Salweide liefern auch andere Frühblüher wie Schneeglöckchen, Krokus, Winterling, Schwarzdorn und Kornelkirsche feinen Nektar, der in den Zellen eingelagert wird und durch seinen feuchten Glanz nicht zu übersehen ist. Weil verdeckelte Honigzellen von den Völkern nur in Notfällen geöffnet werden, tragen die fleißigen Sammelbienen im Naturzusammenhang ohne Honigentnahme möglicherweise also bereits jetzt die ersten Wintervorräte für ihre Generationen später schlüpfender Schwestern ein. Als Imker dagegen denken wir oft erst gegen Ende der Bienensaison an das Winterfutter unserer Völker.

Mit der Obstblüte – vor allem der Kirsche – und dem blühenden Löwenzahn steht die erste Massentracht ins Haus bzw. in den Stock. Ab diesem Zeitpunkt haben die Bienenvölker zwei Möglichkeiten: Entweder kommen sie in den Schwarmtrieb oder sie tragen als »Wirtschaftsvölker« große Mengen Nektar ein, der den begehrten Frühjahrshonig beschert.

Blühzeiten im Blick

Wenn wir uns um das Wohlbefinden unserer Bienen sorgen, sollten wir das Wettergeschehen und das Verhalten der Pflanzen und der Bienen gut beobachten und die richtigen Schlüsse daraus ziehen. Es ist beispielsweise gut, sich mit den wichtigsten Nektarpflanzen vertraut zu machen und die Reihenfolge ihres Aufblühens festzuhalten. Während je nach Witterung die Pflanzen früher oder später aufblühen, bleibt die Reihenfolge der Blühzeitpunkte verschiedener Pflanzenarten gleich. Unser Kollege und Freund Albert Muller ist der Meinung, dass mit einer solchen Kenntnis die Schwarmzeit der Völker ziemlich exakt bestimmt werden kann: Hat man beispielsweise einmal entdeckt, dass Völker am Bienenstand schwärmen, wenn der Weißdorn blüht, ist es ziemlich sicher, dass sie es immer zu dieser Zeit tun, selbst wenn sich das Aufblühen um zwei Wochen nach vorne oder nach hinten verschieben sollte.

Schwankungen im jahreszeitlichen Wettergeschehen hat es immer gegeben, doch sie werden durch den Klimawandel gesteigert. So war der Wonnemonat Mai im letzten Jahr in der Rheinebene so kalt, dass große Völker ihre Vorräte aufgezehrt hatten und gefüttert werden mussten. Und im Januar dieses Jahres pflegten einige Völker bereits große Brutnester – die Brutpause war sehr kurz oder sogar inexistent. Damit entstehen neue Herausforderungen für Pflanze, Tier und Mensch in ihrem Miteinander und den Nahrungsketten, die sie verbinden.

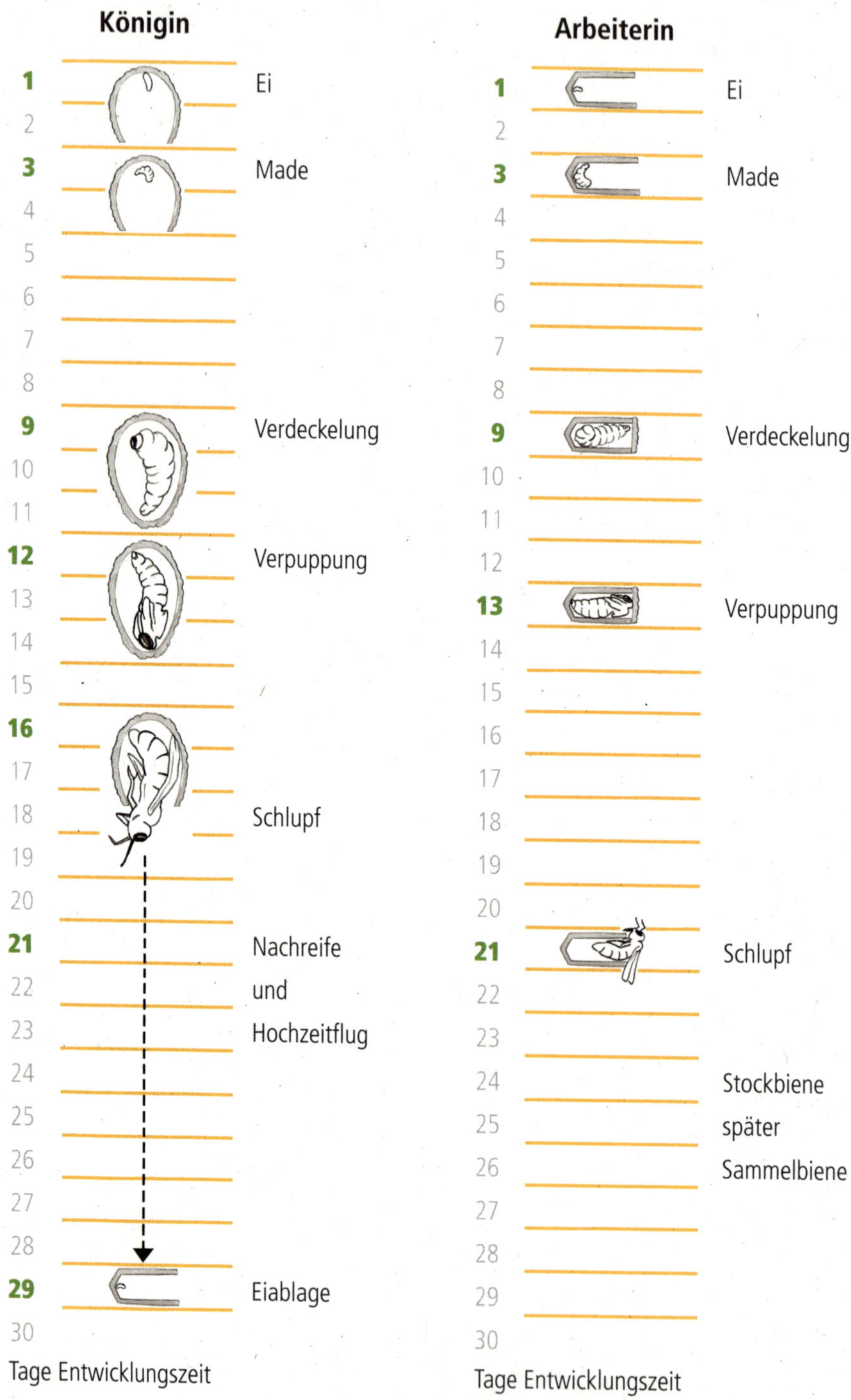
Königin
1 Ei
3 Made
9 Verdeckelung
12 Verpuppung
16
18 Schlupf
21 Nachreife
und
Hochzeitflug
29 Eiablage
Tage Entwicklungszeit
Arbeiterin
1 Ei
3 Made
9 Verdeckelung
13 Verpuppung
21 Schlupf
Stockbiene
später
Sammelbiene
Tage Entwicklungszeit

Der Schwarmtrieb

Bienenvölker schwärmen aus der Fülle heraus. Sie sind groß, tragen viele Vorräte ein und haben große Flächen mit viel verdeckelter Brut. Anders als im Frühjahr, wo eine einzige Winterbiene oft mehrere Larven füttern muss, kehrt sich im Mai die Situation um. Es gibt mehr Jungbienen als offene Brutzellen. Weil nicht mehr alle Ammenbienen füttern können, kommt es zum sogenannten »Futtersaftstau«, einem wichtigen Signal für die Einleitung des Schwarmprozesses. Es sind meist große Völker mit zwei- bis dreijährigen Königinnen, die in Schwarmstimmung kommen, obwohl es nicht selten vorkommt, dass auch Völker mit einjährigen Königinnen schwärmen wollen. Der Bienenschwarm ist die einzige natürliche Art der Völkervermehrung und ein Höhepunkt im Bienenjahr: Ende eines Volkes und Neubeginn, Auflösung und Neubildung.

Drei Tage bevor der Mutterschwarm das Volk verlässt, finden im Volk große Veränderungen statt und die Volkseinheit zerfällt. Die Sammelaktivität wird reduziert oder gar eingestellt. Die Töchter ändern die Zusammensetzung des Futtersafts und füttern ihrer Mutter weniger Eiweiße und mehr Zucker. In der Folge verliert die Königin an Gewicht, verkleinert die Eierstöcke und legt weniger Eier. Die Arbeiterinnen nehmen umgekehrt an Gewicht zu, weil sie sich mit viel Honig verproviantieren. Ein Schwarm muss einige Tage ohne Futteraufnahme überleben können. Außerdem aktivieren etwa 80 Prozent aller Arbeiterinnen im Stock ihre Wachsdrüsen, in einem Volk ohne Schwarmtrieb sind es lediglich etwa zwölf Prozent. Unter natürlichen Bedingungen muss in der neuen leeren Behausung – einem hohlen Baum oder einer Felsenhöhle – das Wabenwerk zügig errichtet werden.

Der Auszug eines Schwarmes ist ein Gesamtkunstwerk. Wie aus einer Quelle strömen die Bienen aus dem Flugloch. Rasch formieren sie sich in der Luft zu einer ausgedehnten Wolke, die in schönen, tänzerisch anmutenden Bewegungen über dem Bienenstand hin- und herfliegt. Die Luft duftet nach Bienen, der Klang ist eine Symphonie. Vor der totalen Auflösung ordnet sich die Wolke in ihrer gesamten Bewegung zu einem sichtbaren Miteinander. Die ersten Bienen beginnen sich in der Nähe auf einem Ast, manchmal im Gebüsch oder an einem Zaunpfahl niederzulassen. Wie beim Auszug aus der Einraumbeute führt auch hier die Königin nicht. Sie lässt sich auf das Spiel ihrer Töchter ein.

Im Schwarmprozess entstehen neue Völker mit verschiedenen Eigenschaften. Aus dem Mutterschwarm entwickelt sich rasch ein kräftiges Volk mit gesicherter Nachkommenschaft. Die Tochterschwärme sind kleiner und werden mit unbegatteten Königinnen gebildet – ein großer Risikofaktor. Schaffen es die jungen Königinnen nach ihrem Hochzeitsflug nicht mehr zurück in ihren Stock, so ist das Volk verloren. Ist das Wetter bei der Begattung schlecht, wird sich die Königin nur mit wenigen Drohnen verpaart haben, also nur einen geringen Vorrat an Spermien in der Samenblase aufbewahren können und nur eine genetisch wenig diverse Nachkommenschaft hervorbringen.

Das junge, von den Schwärmen zurückgelassene Volk in der Beute hat alles, was es zum Überleben braucht: Waben, Vorräte, Brut und damit über längere Zeit immer wieder junge Bienen. Doch es erbt auch eine eventuelle Krankheitslast, wird mehr Varroamilben haben als die anderen beiden Völkertypen und sich von Beginn an mit den Pestiziden und anderen Pflanzengiften

Noch sind viele Bienen in der Luft, nach und nach sammeln sie sich als Schwarmtraube am Ast und kommen schließlich zur Ruhe.

im Wachs auseinandersetzen müssen. Es ist wie bei Erbschaften auch: Es ist nett, das Haus der Vorfahren zu bekommen, aber manchmal gibt es einen unliebsamen Hausgeist mit dazu.

Die verschiedenen Völkertypen gehören zur Weisheit des Biens, sie sind evolutionär gewachsen und perfektioniert.

Unterschiede bei Völkern, die aus dem Schwarmtrieb entstehen

Ursprung des Bienenvolks	Größe des Volks	Königin	Vorräte
Mutterschwarm	groß	begattet	keine
Tochterschwarm	klein	unbegattet	keine
Tochtervolk	mittelgroß	unbegattet	viele

In trachtarmen Sommermonaten sind die größten Völker am stärksten vom Hunger bedroht. Aus Unachtsamkeit haben auch wir schon die schönsten Völker verloren, weil sie den letzten Tropfen Honig aufgezehrt hatten und verhungerten. Kleine Völker meistern solche Situationen oft besser, weil der Stoffwechselumsatz viel geringer ist. Ähnliches gilt auch für Krankheiten. Es kann gut sein, dass das Volk in der alten Beute krank wird, weil es Faulbrutsporen oder Sauerbrut mitgeerbt hat. Und es kann sein, dass der Milbendruck in einem Mutterschwarm stärker wird, weil mehr Brut gepflegt wird als von einem Volk aus einem kleinen Nachschwarm. Vor diesem Hintergrund bringen wir es manchmal im Herbst nicht übers Herz, kleine Völker zu vereinigen oder sie aufzulösen. Immer wieder zeigt es sich, dass sich die »Winzlinge« im nächsten Frühjahr zu starken, vitalen Völkern entwickeln!

Die ersten Schwarmzeichen sind die sogenannten »Spielnäpfchen«. In diesen halbkugelförmigen Näpfchen, welche an den unteren Rändern der Waben am Rande vom Brutnest gebaut werden, legt die Königin Eier ab oder in der Imkersprache: Die Weisel bestiftet die Weiselzelle.

Auch hier entscheidet wiederum das Volk, ob junge Königinnen aufgezogen werden oder nicht. Es geschieht häufig, dass die Königin Eier legt, die Bienen sie jedoch wieder entfernen, weil das Volk aus unbekannten Gründen noch nicht zum Schwärmen bereit ist. Imkerinnen und Imker merken dies bei der Schwarmkontrolle, wenn sie eine Woche nach der letzten Kontrolle in denselben Spielnäpfchen immer noch Eier vorfinden.

Schwarmkontrolle

Wer die Bienenvölker im eigenen Garten aufstellt und in der Schwarmzeit von 11 bis 15 Uhr zu Hause ist, kann Völker unkontrolliert schwärmen lassen. Wer nicht in dieser glücklichen Lage ist, führt alle sieben bis neun Tage eine Schwarmkontrolle durch, um den Zeitpunkt nicht zu verpassen und zu verhindern, dass der Schwarm unkontrolliert aus der Beute auszieht. Diese Kontroll-Intervalle sind der Entwicklungszeit der Königin geschuldet, die vom Ei bis zum Verdeckeln der Weiselzelle neun Tage dauert. Die gerade frisch verdeckelte Königinnenzelle markiert den frühesten Zeitpunkt, ab dem die alte Königin im Mutterschwarm mit der Hälfte aller Bienen den Stock verlassen kann.

Die jungen Königinnen werden bei tieferen Temperaturen erbrütet als die Arbeiterinnen. Aus diesem Grunde werden Spielnäpfchen bevorzugt auf Waben am Rande des Brutnestes »angeblasen«. Dieses Wissen erleichtert die Schwarmkontrolle, weil nicht alle Waben des Brutnestes gezogen und auf Weiselzellen kontrolliert werden müssen.

Die Königinnenzelle wurde von den Bienen an der Seite geöffnet. Eine ältere, bereits geschlüpfte Königin hat hier die Konkurrentin beseitigt.

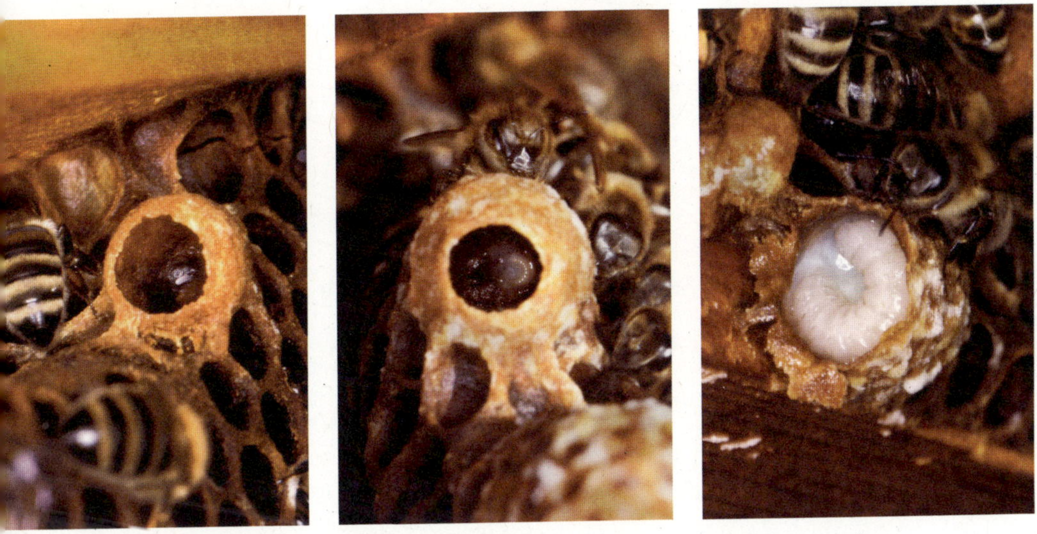

Drei Entwicklungsstadien einer Königin: Das Ei ist gestiftet (Abb. links), drei Tage später schlüpft die Made (Abb. Mitte). Die Rundmade (Abb. rechts) wird sich bald strecken und danach verdeckelt werden. Die Königinnenmade wird bis zum Verdeckeln sechs Tage mit Königinnenfuttersaft versorgt.

Ist das Volk bereit zu schwärmen, schlüpfen drei Tage nach der Eiablage die kleinen Maden und sie werden in den folgenden sechs Tagen bis zum Verdeckeln reichlich und ausschließlich mit Königinnenfuttersaft versorgt. Nach dem Schlüpfen der Maden geht das Volk weiter auf den Schwarmprozess zu. Allerdings haben wir auch schon erlebt, dass kurz vor dem Schlupf stehende Königinnenzellen von den Bienen samt Puppe entfernt wurden, um das Schwärmen auf einen späteren Zeitpunkt zu verschieben oder in wenigen Situationen auch ganz abzubrechen. Genaues Beobachten ist deshalb wichtig.

Es werden immer mehrere Königinnen aufgezogen, manchmal fünfzehn bis zwanzig. Überzählige Königinnen werden als Maden oder Puppen von den Bienen entsorgt oder auch kurz vor ihrem Schlupf von älteren, schon geschlüpften Königinnen-Schwestern totgestochen. Zellen, aus denen Königinnen geschlüpft sind, sind leicht von solchen zu unterscheiden, in denen sie von ihrer Schwester getötet wurden. Im ersten Fall ist die Weiselzelle unten offen, im zweiten Fall ist sie seitlich geöffnet. Die leeren Königinnenzellen werden von den Bienen gereinigt und nach einiger Zeit abgebaut.

Schwärme einzufangen, ist oft ein Abenteuer, besonders wenn sie nicht auf Augenhöhe und als frei hängende Traube an einem dünnen Ast am Baum hängen. Um sich nicht in Gefahr zu begeben, ist bei hoch hängenden Schwärmen eine sicher aufgestellte Leiter notwendig, um mit dem Schwarmkasten unter die Schwarmtraube hochzusteigen und sie durch einen kräftigen Schlag auf den Ast in den Kasten fallen zu lassen. Manchmal sitzen die Schwärme so hoch, dass sie auf einer Leiter nicht mehr erreicht werden können. In diesem Falle hilft eine lange Teleskopstange mit einem Fangsack, mit dem der Schwarm heruntergeholt werden kann. Erfolgreich wurden auch schon Schwärme durch zusammengesteckte Kunststoffrohre mit einem aufgesetzten Trichter und einem Fangsack am unteren Ende eingefangen. Nach einem kräftigen Ruck rutscht der Schwarm über den Trichter in den Sack hinunter.

Eine weitere Möglichkeit ist es, ein Rähmchen mit Wabe oder einen Bienenkorb so über dem Schwarm zu platzieren, dass sich die Bienen auf der Wabe sammeln oder von unten in das Dunkel des Korbes hineinkrabbeln und anschließend einfach nach unten gebracht werden können.

Schwarm einfangen und einziehen lassen

Hängt der Schwarm am Ast, ist meist genügend Zeit, ihn in eine Schwarmfangkiste – ein Eimer tut es aber auch – einzuschlagen. Vorher sollte jedoch in Ruhe das Treiben der Bienen beobachtet werden. Schwärme sind die friedlichsten Einheiten, weil es nichts mehr zu verteidigen gibt. Oft sieht man auf der Schwarmtraube tanzende Bienen. Sie gehören zu den erfahrensten Späherinnen, die Ausschau halten nach einer neuen Behausung und sie auf der Traube ihren Schwestern anzeigen. Im Tanz stecken die gleichen Informationen wie bei den Nektarquellen: Richtung, Entfernung und die Qualität der gefundenen Höhle.

Ist der Schwarm eingefangen, wird die Kiste auf den Boden gestellt oder die Bienen werden aus dem Eimer in eine bereit gestellte Schwarmkiste geschüttet und diese wird verschlossen. Das Flugloch bleibt offen, weil sicher nicht alle Bienen eingefangen werden konnten. Auf der Kistenwand fangen Bienen zu sterzeln an, den Hinterleib in die Luft gerichtet. Aus der Nasanov-Drüse, nach ihrem Entdecker so benannt, strömt ein Geruchssignal, das zusammen mit dem Duft der Königin den Bienen, die auf dem Ast zurückgeblieben sind, den Weg zur Kiste weist.

Ein sehr schönes Erlebnis hatte eine Imkerkollegin, die zum Einfangen eines Schwarms gerufen wurde, der sich in einer in einen Maschendrahtzaun eingewachsenen Hecke niedergelassen hatte. Eine größere Menschenmenge hatte sich als Schaulustige eingefunden. Weil es unmöglich war, unter dem Schwarm einen Schwarmfangkasten zu platzieren, wünschte sie sich sehnlichst, die Königin zu entdecken, um sie in einem kleinen Käfig in den Schwarmkasten zu hängen. Tatsächlich zeigte sich die Königin nach kurzer Zeit auf der Schwarmtraube, sie musste das Wunschgebet gehört haben. Als sie im Käfig im Kasten hing, flogen die Bienen unter den erstaunten Blicken des Publikums rasch in den Kasten. Der Königinnenduft hatte sie magisch angezogen.

Es gibt auch Situationen, bei denen das Schwarmfangen schwierig oder unmöglich ist, und Schwärme wegfliegen. Sie werden ein neues Zuhause suchen und eventuell in eine leere Bienenwohnung auf einem Bienenstand in der Umgebung einziehen. Wir Imker können das gelassen ertragen, aus dem Muttervolk werden wir drei bis vier neue Völker bilden.

Die wenigsten Imkerinnen und Imker können um die Mittagszeit bei ihren Völkern sein. Und Schwärme am Abend nach der Arbeit zu suchen, ist hoffnungslos. Entweder sind sie bereits weitergezogen oder können in den Bäumen kaum entdeckt werden, weil ihre Farbe derjenigen des Astes sehr ähnlich und der Bienenflug um die Schwarmtraube herum längst zur Ruhe gekommen ist. Um den Mutterschwarm nicht zu verlieren, kann er gezielt vorweggenommen werden.

Mit einem Fangsack an einer langen Teleskopstange kann die Schwarmtraube von einem hohen Baum »gepflückt« werden.

Eine Nacht im Keller

Ein Naturschwarm kann am selben Tag auf demselben Bienenstand in eine Einraumbeute einlogiert werden (siehe dazu Seite 70); die Bienen werden in keinem Fall in die alte Behausung zurückkehren. Trotzdem empfehlen wir, ihn eine Nacht lang mit der Schwarmfangkiste in den kühlen Keller zu stellen, wo die Bienen sich in der Dunkelheit zur engen Traube am Deckel der Kiste sammeln und sich auf diese Weise besser zu einer Volkseinheit verbinden. Naturschwärme haben Proviant für einige Tage dabei, sie brauchen nicht gefüttert zu werden.

Den Schwarm vorwegnehmen

Bei der regelmäßigen Schwarmkontrolle schaut man nach Stiften oder Maden in den Weiselzellen (siehe Abbildung auf Seite 85). Sind Stifte da, wird der Mutterschwarm sechs Tage später vorweggenommen. Ein Vorschwarm zieht frühestens dann aus, wenn die erste Königinnenzelle verdeckelt worden ist. Man erkennt nicht, wie alt ein Ei ist, es kann einen, zwei oder drei Tage alt sein. Sechs Tage später ist entweder die erste Königin schlupfbereit oder der vorher beschriebene Auflösungsprozess des Volkes beginnt.

Wenn möglich, sollten Mutterschwärme in dieser Phase gebildet werden. Ab jetzt stellen sich alle Bienen auf einen Neuanfang ein. Die einen, weil sie mit der alten Königin als Schwarm ausziehen werden, die anderen, weil sie mit einer jungen Königin eine neue Volkseinheit bilden werden.

Der vorweggenommene Mutterschwarm wird in den Keller gebracht; er muss im Gegensatz zum Naturschwarm unbedingt sofort gefüttert werden, weil sich die Bienen den Honigmagen noch nicht gefüllt haben. Die Fütterung ist einfach. Entweder streicht man (eigenen) Honig an das Gitter der Schwarmfangkiste oder man schiebt einen kleinen Teller durch das Flugloch hinein. In der Imkerei Fischermühle benutzen wir Schwarmkästen, die auch oben eine Gitteröffnung haben, über die dann mitten in die hängende Schwarmtraube hinein ein Esslöffel Honig gegeben werden kann. Die Bienen nehmen den Honig schnell ab. Es ist empfehlenswert, zu kontrollieren, ob der gesamte Honig aufgenommen worden ist. Falls ja, gibt es noch eine zweite, manchmal sogar dritte Portion.

So gelingt die Mutterschwarmvorwegnahme

Sind bei der Kontrolle bereits Maden geschlüpft, versucht man das Alter abzuschätzen und errechnet den Zeitpunkt, an dem die Weiselzelle verschlossen wird. Entsprechend kehrt man einige Tage später, aber noch rechtzeitig vor der Verdeckelung der ältesten Weiselzelle, zurück und führt die Schwarmvorwegnahme durch. Anfänger, die das Alter der Weiselzelle nicht richtig einschätzen können und sich bei der Suche nach Königinnen schwer tun, empfehlen wir die Vorwegnahme am selben Tag.

Die Waben werden nacheinander gezogen und abgesucht. Das braucht einige Übung und klappt mit diesen beiden Tricks recht gut, wenn die Königin nicht gezeichnet ist: Die Waben werden nicht »gescannt«, sondern mit einem Panoramablick angeschaut. Die Königin fällt ins Auge, weil ihre Hinterbeine oft rötlich gefärbt sind und sie einen auffallend längeren Hinterleib hat als die Arbeiterinnen. Sie bewegt sich auch anders als ihre Töchter. Außerdem macht sich auf der Wabe, auf der die Königin sitzt, bei den Bienen eine Unruhe bemerkbar. Nachdem man das Trennschied entfernt hat, fängt die Durchsicht mit der Randwabe an und man schaut Wabe für Wabe konzentriert durch. Manchmal läuft die Königin beim Ziehen der Wabe auf die nächste, d. h. man treibt sie sozusagen vor sich her. Man darf sich nicht frustrieren lassen. Auch erfahrene Imkerinnen und Imker brauchen dafür manchmal viel Zeit – und sehen das Wabenwerk zweimal oder gar dreimal durch.

Hat man die Königin gefunden, wird sie mit einem Königinnenfänger aus dem Imkerfachhandel gekäfigt. Wer Erfahrung hat, fängt sie zwischen Daumen und Zeigefinger. Nie sticht sie dabei den Menschen in die Finger. Ist die Königin gefangen, wird sie in einem kleinen Käfig in die warme Hosentasche gesteckt.

Dann stößt man von etwa fünf bis acht Waben die aufsitzenden Bienen in die Schwarmfangkiste. Es braucht dafür keinen harten Schlag auf die Wabe und es macht nichts, wenn Bienen auf der Wabe zurückbleiben. Die Waben hängt man danach an ihren ursprünglichen Platz. Ist eine Wabenfläche voll mit Bienen, sitzen etwa 2000 Tiere darauf. Der Mutterschwarm darf mit gut 15 000 bis 20 000 Bienen gebildet werden. Man achtet darauf, dass nur jede zweite Wabe abgestoßen wird (also z. B. Nr. 3, 5, 7, 9, 11, 13, 15). Damit stellt man sicher, dass im vorweggenommenen Schwarm alle Altersstufen von Bienen vorhanden sind. Am Schluss befreit man die Königin und lässt sie in die Bienenmasse einlaufen.

Liegt der Jungbienenstand weiter weg als der Flugradius der Völker (3 km), so kann der Vorschwarm nach der ersten Nacht, am sichersten am Spätnachmittag, am neuen Ort einlogiert werden. Kommt der vorweggenommene Schwarm auf demselben Bienenstand zu stehen wie das Volk, dem er entnommen wurde, bleibt er drei Nächte im Keller. Anders als der natürliche Schwarm, der nach dem Auszug nie in die alte Kiste zurückkehren wird, muss der vorweggenommene Schwarm »vergessen«, wo er zu Hause war. Nach drei Nächten verlieren die Bienen die Intention, ins Volk zurückzukehren.

Nachschwärme und Königinnenableger

Bei optimalen Wetterbedingungen liegen zwischen dem Mutterschwarm und dem Schlupf der ersten jungen Königin sieben Tage. Waldbienenvölker bringen nur selten einen Tochterschwarm hervor – sie sind schlichtweg zu klein. Doch in der Einraumbeute können aus einem großen schwarmbereiten Volk bis zu sechs Jungvölker gebildet werden: Das erste ist der Mutterschwarm, das letzte das Volk, das in der alten Beute mit einer neuen Königin startet. Und dazwischen können vier weitere Jungvölker gebildet werden. Dafür gibt es zwei Varianten: vorweggenommene Tochterschwärme oder Königinnenableger.

Oft brauchen Imker mit wenigen Völkern aber keine Schwärme und haben auch keinen Platz mehr, Kästen aufzustellen. Sie können Mutter- und Tochterschwärme über Schwarmbörsen oder direkt an befreundete Imker verschenken oder verkaufen. Wer keine Zeit hat, neue Völker zu bilden, hat zwei Möglichkeiten, die Völker durch den Schwarmprozess zu führen: Man bildet einen großen Mutterschwarm, der verschenkt oder verkauft wird, und bricht im Schwarmvolk bis auf eine oder zwei alle anderen Königinnenzellen aus. Daraus wird am selben Standort ein Volk mit einer Jungkönigin.

Alternativ wird ein »Flugling« gebildet. Die Einraumbeute mit dem schwarmbereiten Volk wird ein paar Meter zur Seite gestellt und am alten Platz in einem leeren Kasten die Königin mit leeren Rähmchen einlogiert. Bei gutem Wetter werden alle Flugbienen bis zum Abend zur Königin zurückfliegen. Diese Einheit kann in den Keller gestellt, gefüttert und als Schwarm verschenkt werden. In der alten Beute bleibt ein Volk mit allen Stockbienen und vielen Weiselzellen zurück. Es kann wieder an den alten Platz zurückgebracht werden. In der Imkersprache ist das der »Brutling«. Er wird nicht mehr schwärmen, weil er dann, wenn die Jungköniginnen schlüpfen, erst wenige Flugbienen hat.

Tochterschwarmvorwegnahme

Vorweggenommene Tochterschwärme sind eine Sache für erfahrene Imkerinnen und Imker. Der Termin des Schlupfs der jungen Königinnen muss bekannt sein. Schreiben Sie sich einfach nach Begutachtung der ältesten Weiselzellen das errechnete Schlupfdatum mit Kreide auf Ihren Kasten und in den Terminkalender und schauen Sie an diesem Datum nach, ob die Zellen schlupfreif sind. Das kann man am Deckel der Zelle ganz gut erkennen. Die Wachsschicht außen ist von den Bienen dann weitgehend abgetragen und es erscheint nur noch eine dünne, dunkle, papierartige Schicht, die von der Königin in der Zelle vor dem Schlüpfen aufgebissen wird.

Königinnen beim Schlüpfen zuzuschauen, ist ein wunderbares Erlebnis. Dafür werden die verdeckelten Weiselzellen vorsichtig ausgebrochen. Auf den Deckel einer benachbarten Beute gelegt, in der Hand oder in einem Zander-Schlupfkäfig kann man die jungen Königinnen schlüpfen lassen. Sie werden kurzzeitig gekäfigt und, nachdem etwa 10 000 Bienen von den Waben in eine neue Kiste abgestoßen und fünf Leerrähmchen in eine leere Einraumbeute eingehängt worden sind, ins Volk laufen gelassen. Der neu gebildete vorweggenommene Schwarm wird sich sein neues Wabenwerk mit Eifer bauen. Dieses Vorgehen ist dem natürlichen Tochterschwarm am nächsten. Auch die vorweggenommenen Nachschwärme werden außerhalb des Flugradius ihres Ursprungsvolkes aufgestellt.

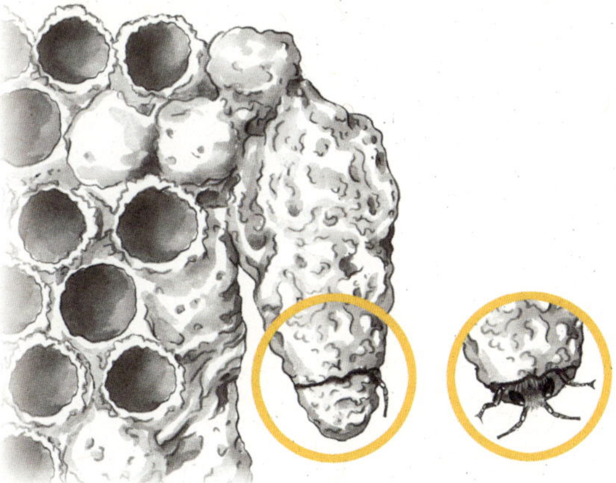

Die dunkle Linie signalisiert es:
Bald wird die Königin schlüpfen.

Königinnenableger bilden

Ableger können mit mindestens einer Königinnenzelle zwischen dem 10. und 16. Tag, nach der Ablage des Eies in einer Weiselzelle, gebildet werden, frühestens aber, nachdem der Mutterschwarm aus dem Volk weggegangen ist. Weil Königinnenzellen zwischen der Verdeckelung und den folgenden Tagen bis zum Schlupf empfindlich gegen Erschütterungen sind, muss man mit ihnen mit der entsprechenden Sorgfalt umgehen. Aus einem großen Volk aus der Einraumbeute können bis zu vier Ableger gebildet werden. Über das Tochtervolk im Kasten braucht man sich keine Sorgen zu machen; es hat genug Bienen, vor allem noch viel Brut und meist reichlich Honigvorräte.

Im Ableger brauchen die Königinnen nach dem Schlüpfen bis zur Ablage des ersten Eies etwa vierzehn Tage. Sie reifen nach, gehen auf den Begattungsflug und deponieren die Spermienpakete der vielen Drohnen in ihrer Samenblase. Manchmal sind es vom Ei in der Weiselzelle bis zur legenden Königin weniger, manchmal auch mehr als dreißig Tage – auch nach vielen Jahren dieser Art der Völkervermehrung kommt einem die Warterei immer noch unendlich lange vor.

Bis die junge Königin in Eilage ist, ist meist auch die gesamte Brut geschlüpft, das Volk also brutfrei. Jetzt gibt es zwei verschiedene Vorgehensweisen. Die erste ist einfach, aber im Blick auf das Wabenwerk nicht ganz perfekt. Die zweite ist ein wenig anspruchsvoller – und in punkto Naturwabenbau optimal (siehe dazu Seite 93).

Ablegerbildung

Die Königinnenableger bestehen aus drei Waben. Zwei davon haben Bienen und Brut, die zusammen ein Volk von etwa 10 000 Bienen ergeben werden, sowie eine oder zwei verdeckelte Weiselzellen. Die dritte ist eine Vorratswabe. Oft finden sich mehr Königinnenzellen auf einer Wabe, die alle bis auf zwei herausgebrochen werden müssen. Damit werden ungewünschte Nachschwärme verhindert. Alle drei Waben werden in eine leere Einraumbeute oder in eine Wabentransportkiste eingehängt und mit einem Schied seitlich abgeschlossen. Diese kleinen Einheiten tragen keinen Pollen und Nektar ein, weil es meistens keine Brut zu füttern gibt, und sind wenig verteidigungsbereit. Es ist wichtig, das Flugloch auf 2 cm Durchmesser zu verengen, um den Kleinvölkern die Abwehr von Räubern zu erleichtern.

Ein Jungvolk aus dem Ableger bilden

Bei der ersten Art der Bildung eines Jungvolkes wird im Ableger links und rechts an die Waben je ein Leerrähmchen gehängt, die alten Waben, d. h. ein Teil des Skeletts, stammt also vom Muttervolk. Sie werden von der jungen Königin gerne und schnell mit neuer Brut belegt. Sie bilden das Zentrum des Brutnestes, weil bebrütete Waben – unabhängig von ihrer Position in der Beute – für die eierlegende Königin immer attraktiver sind als frisch gebaute.

Bei der zweiten Art, aus dem Ableger ein Jungvolk zu bilden, werden zunächst keine Leerrähmchen neben die Waben gehängt. Sobald die junge Königin in Eilage kommt, wird sie zusammen mit allen Bienen von den Waben gestoßen oder gefegt. Die alten Waben werden entfernt und jetzt werden fünf Leerrähmchen zugehängt. Das Jungvolk wird nun das ganze Wabenwerk selbst neu bauen. Hier ist die Wabenerneuerung total.

Das Muttervolk in der alten Kiste hat alles, was es benötigt: viele junge Bienen, eine Königin, Vorräte und das ganze Wabenwerk. Es muss nicht gefüttert werden. Wenn das Wabenwerk jedoch alt und schwarz ist, ist es empfehlenswert, auch hier alle Waben zu entfernen und das Volk auf Neubau zu setzen. Es wird genauso wie ein Königinnenableger behandelt.

Solche Jungvölker unterscheiden sich in dreifacher Weise von Völkern aus dem Mutterschwarm. Bis zum Schlüpfen der ersten Bienen aus den Eiern der jungen Königin sind die Verwandtschaftsverhältnisse zwischen ihr und den Arbeiterinnen verschieden: Im Mutterschwarm sind es Mutter und Töchter, im Ableger Schwester und Schwestern. Im zweiten Fall ist die Bindung bei der Volksgeburt nicht so innig wie im ersten.

Der zweite Aspekt betrifft den Wabenbau. Unter optimalen Bedingungen »denkt« ein Volk mit einer jungen Königin, anders als in einem mit einer alten Königin, im ersten Jahr selten und wenn, dann spät an Drohnenbau. Oft haben am Ende der Bienensaison alle Waben nur eine kleine Ecke mit Drohnenbau, manchmal gar keinen. Deshalb – das ist der dritte Aspekt – werden die Völker mit jungen Königinnen anders gefüttert als diejenigen, die aus dem Mutterschwarm entstehen.

Füttern und erweitern des Jungvolkes

Jungvölker erhalten zu Beginn kleine Futterportionen, die jede Woche größer werden. Der Grund dafür ist einfach: Gibt man zu Beginn zu viel, werden alle Zellen in den frisch gebauten Waben mit Honig gefüllt, der Imker spricht vom verhonigten Brutnest. In der Folge kommt die Volksentwicklung nicht richtig in Gang. Ist zu wenig Futter vorhanden, kommt der Wabenbau nur schleppend voran.

Als Faustregel werden folgende Mengen im Abstand von fünf bis sieben Tagen verabreicht: 0,75 Liter, 1 Liter, 1,5 Liter, 2 Liter. Die Fütterung wird mit 2 Litern im selben Rhythmus fortgesetzt, bis das Volk genug Wintervorräte im Kasten hat. Es gibt milde Orte wie das Rheintal bei Freiburg, wo 15 kg Vorräte genügen, und andere, wo 25 kg gebraucht werden. Ansässige Imker können sicher Auskunft geben, mit welchen Mengen ihre Völker durch den Winter gehen. Es ist eine Hilfe, befreundete Imkerinnen und Imker aus der Region nach ihren Erfahrungen zu fragen, welche Futtermengen zur Überwinterung notwendig sind, damit die Völker ohne Nachfüttern gut in die nächste Bienensaison kommen.

Erst wenn die beiden Randwaben am Schied und an der Kastenwand weitgehend heruntergebaut sind (zwei Drittel bis drei Viertel der Rähmchenhöhe) wird erweitert, und zwar mit einem oder zwei Leerrähmchen am Rand zum Trennschied bzw. zur Seitenwand. Am Ende der Saison sollen die Waben, auf denen das Volk sitzt, möglichst bis ganz nach unten ausgebaut sein. Dann hat das Volk im Winter einen guten Zehrweg.

In der kalten Jahreszeit sitzen die Bienen eng zusammengezogen in den Wabengassen und verzehren langsam den Honig am Rand ihrer Wintertraube. Wenn es sehr kalt ist, können sie diese Traube, in der sie sich gegenseitig warmhalten, nicht verlassen und den Honig auf den anderen Vorratswaben nicht erreichen. Es kommt zum sogenannten Futterabriss; sie verhungern, obwohl in den anderen Waben noch viel Futter vorhanden ist. Deshalb ist ein durchgehender Zehrweg wichtig.

Sind die Waben nicht ganz ausgebaut, wird der Rest des Rähmchens im folgenden Frühjahr mit Drohnenzellen gefüllt. Für spätere Betreuungsmaßnahmen ist es vorteilhafter, wenn Waben entweder überwiegend Arbeiterinnen- oder Drohnenbau enthalten.

Durch große Brutfläche auf den großen Waben wächst das Volk plötzlich sehr stark an. Man sollte die Entwicklungsdynamik der Schwärme nicht unterschätzen und mit der Erweiterung am Ball bleiben. Nur Jungvölker, die in ihrem ersten Jahr mehr als zwölf Rähmchen voll ausgebaut haben, sollten im Spätsommer auf zwölf Rähmchen eingeengt werden. Brutfreie Randwaben werden deshalb herausgenommen. Frei werdende Brutzellen im Brutnest werden von den Bienen noch mit Futter gefüllt.

Die herausgenommenen Waben können im Spätwinter einem Volk, das viel Futter verbraucht hat, zugehängt werden. Bienenvölker gehen unterschiedlich mit der Bildung von Vorräten und deren Verbrauch um.

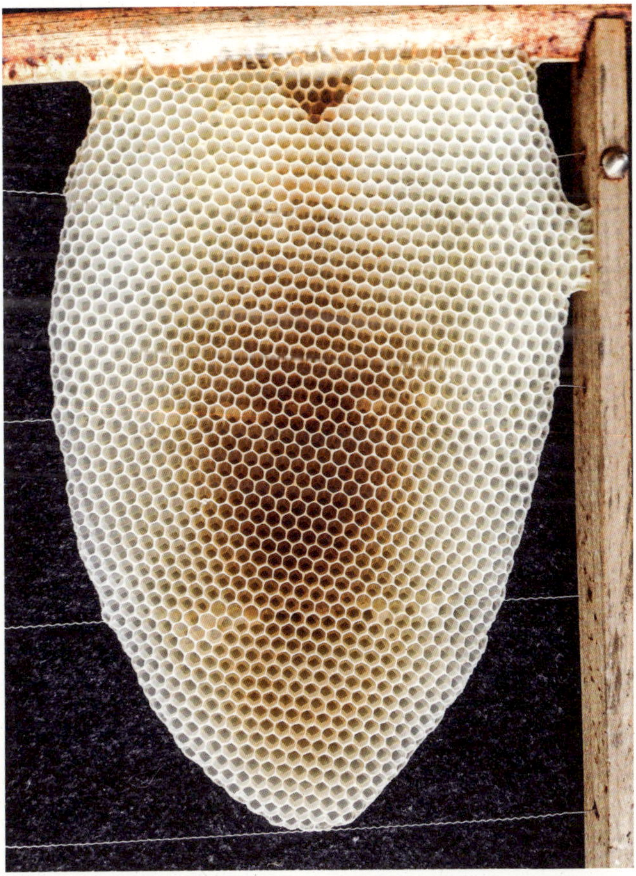

Unabhängig vom Rähmchenmaß bauen alle Jungvölker zunächst »Herzwabenformen«. In der Einraumbeute sind sie besonders schön. Diese Form ergibt sich, weil die Baubienen eine Kette bilden (mehr dazu auf Seite 15), die durch die Schwerkraft ihre Ausprägung erhält, und im Lot hängen. Die dunklen Bereiche auf dieser frischen Wabe wurden vom Volk bereits bebrütet; die hellen und ganz weißen wurden noch nicht genutzt.

Kontrolle des Wabenbaus

Im Naturwabenbau haben die schneeweißen Waben zu Beginn die Form von Tropfen oder einer kleinen Schwarmtraube; man spricht von Herzwaben. Die Zellenwände haben eine Wandstärke von unvorstellbaren sieben Hundertstelmillimetern, die nach dem »Rohbau« von Bienen mit den Mundwerkzeugen gehobelt, geschliffen und so vollendet werden.

Bei allen neu gebildeten Völkern muss spätesten nach drei bis fünf Tagen eine Baukontrolle erfolgen. Ziehen die Bienen die Waben gerade und mittig im Rähmchen herunter? Unregelmäßigkeiten im Bau können jetzt durch ein leichtes Drücken mit dem Stockmeißel korrigiert werden. Das Wachs ist noch weich und biegsam. Bauen die Bienen eine Wabe mit deutlicher Wellenform, wird die Wabe um 180 Grad gedreht. Wegen des vorgegebenen Abstands durch die Pilzkopf-Nägel (Bee Space, siehe Seite 53) stoßen Wabenflächen jetzt nach der Drehung dort, wo die Wabengasse sein sollte, gegeneinander. Die Bienen machen die Wabengasse durch Umbau der Waben schnell wieder frei. Sie bauen dabei Wachs ab, um zwischen den Waben wieder laufen zu können, und begradigen auf diese Weise die Wellenform. Die Baukontrolle ist wichtig, weil sich ein Fehlbau auf einer Wabe meist im anschließenden Wabenwerk fortsetzt.

Drohnenbau ist in der wesensgemäßen Bienenhaltung gern gesehen, zumal wir wissen, dass wild lebende Bienenvölker im Durchschnitt immer um die 20 Prozent Drohnenzellen bauen. Die Aufzucht von Drohnen ist ein Beitrag zur genetischen Diversität aller anderen Bienenvölker in der Region (siehe dazu Seite 36).

Drohnenbau steuern

Jungvölker – unabhängig davon, ob sie sich aus einem Mutter- oder Tochterschwarm entwickeln – sollen am Ende der Bienensaison acht bis zwölf voll ausgebaute Waben haben. Wichtig ist jedoch, mit etwa fünf Rähmchen zu beginnen und erst dann neue hinzuzufügen, wenn die Rähmchen am Rand zu zwei Dritteln ausgebaut sind. Damit wird erreicht, dass Drohnenbau tatsächlich am unteren Rand der Waben errichtet wird.

Mit dem Bau von Drohnenzellen fangen die Völker an, sich deutlich zu individualisieren. Drohnenbau findet sich im Naturbau meistens am unteren Rand oder seitlich des Brutbereichs der Arbeiterinnenzellen. Aber er kann gelegentlich auch in der Mitte einer Wabe und umgeben von Arbeiterinnenzellen gefunden werden. Hier werden auf einer Wabe im zeitlichen Nacheinander zuerst Arbeiterinnenzellen, dann Drohnenzellen und danach wieder Arbeiterinnenzellen gebaut.

Drohnenbau wird in keinem Volk an der gleichen Stelle und im gleichen Umfang errichtet. Er ist Ausdruck der Volksindividualität und hängt mit dem unterschiedlichen »Empfinden« der Völker zusammen. Dass die Zellen später wirklich der Aufzucht von Drohnenbrut dienen, ist nicht zwangsläufig gegeben. Aus diesem Grunde gehört der Naturwabenbau neben der gesundheitsfördernden Wirkung für die Völker (siehe dazu Seite 33) auch aus ästhetischer und tierethischer Perspektive zur wesensgemäßen Bienenhaltung.

Weil das Wabenwerk als Stützorgan des Bienenvolkes so individuell angelegt wird, werden Waben aus dem Brutnestbereich weder verschoben noch in andere Völker umgehängt. Bei Völkern auf Mittelwänden sind die Unterschiede geringer und weniger individuell ausgeprägt. Am Wachstum des Naturwabenbaus können Imkerinnen und Imker mit etwas Erfahrung bestimmte Eigenheiten des Volkes ablesen.

Drohnenzellen sind etwas größer und haben Deckel, die sich nach außen wölben.

Den Massenwechsel begleiten

Völker, die nicht geschwärmt haben, erreichen zur Sommersonnenwende die maximale Volksstärke von bis zu 50 000 Bienen. Hinter dieser beachtlichen Größe versteckt sich ein Geschehen, das in der Imkersprache als »Massenwechsel« bezeichnet wird. Die unglaubliche Ei-Legeleistung einer gesunden Königin beträgt bis zu 1500 Eier pro Tag, mehr als ihr eigenes Körpergewicht. Über die ganze Bienensaison werden etwa 200 000 Bienen erbrütet! Diese unvorstellbare Vitalität der Königin ist nur möglich, weil sie von ihren Töchtern permanent gepflegt und mit Gelée royale, dem Königinnenfuttersaft, ernährt wird.

Der Massenwechsel, die stetige Erneuerung der Bienen im Volk und das gleichzeitige Anwachsen des gesamten Bienenvolks bis in den Sommer, gehört zentral zur Überlebensstrategie, die von den Honigbienen in ihrer langen Evolutionsgeschichte optimiert wurde. Er garantiert, dass stets genügend Jungbienen die Aufgaben im Stock erfüllen. Gleichzeitig ist er eine hygienische Maßnahme, weil mit dem hohen Durchsatz an Bienen Krankheiten frühzeitig aus dem Volk entfernt werden können. Wie wir sehen werden, wirkt diese Strategie bei der Varroamilbe jedoch kontraproduktiv, weil große Brutnester die Entwicklung der Milbenpopulation begünstigen (mehr dazu auf Seite 111).

Große Bienenvölker tragen je nach Region Kirschblüten-, Löwenzahn-, Robinien-, Lindenblüten- und Kastanienhonig ein. In vielen Gegenden folgen auch Wald- und Tannenhonig. In manchen Regionen sieht die Wirklichkeit jedoch anders aus. Spätestens nach der Lindenblüte im Juni verwandelt sich die Landschaft im Flugradius der Völker in eine »Wüste«. Fast immer geschieht das in landwirtschaftlich intensiv genutzten Regionen mit Ackerbau oder intensiver Grünlandwirtschaft. Hier muss der Imker seine Völker aufmerksam begleiten und gegebenenfalls mit Futter versorgen, sonst kann es geschehen, dass gerade die größten und schönsten Völker überraschend verhungern!

»Ab der Jahres Mitten baut das Volk den Winterschlitten«, dieser alte Imkerspruch weist darauf hin, dass die Bienenvölker bereits nach Johanni (24. Juni) beginnen, die ersten Winterbienen aufzuziehen. Dieser Tatsache muss spätestens nach der Honigernte Rechnung getragen werden.

Völkerführung für die Honigernte

Wenn mit der Blüte der Salweide das Volk große Brutnester angelegt hat, nimmt die Zahl der Bienen rapide zu. Sitzt es noch nicht auf zwölf Waben, wie z. B. die Jungvölker vom Vorjahr, wird auf beiden Seiten je ein Rähmchen zugehängt. Der richtige Zeitpunkt ist leicht zu finden. Unser Imkerfreund Albert Muller hat darauf aufmerksam gemacht, dass einige bis viele Bienen die Platznot signalisieren, indem sie außerhalb des Trennschieds sitzen. Jetzt muss erweitert werden. Das dritte und eventuell vierte Leerrähmchen gibt man am besten auf der fluglochnahen Seite zu. Sobald die erste Massentracht anfällt, werden fluglochfern leere Honigwaben oder Mittelwände eingehängt. Wie bei der Erweiterung der Jungvölker, gibt man nicht zu viele auf einmal. Es ist später effektiver, wenige ganz volle, anstatt viele halbvolle Waben zu schleudern. Sind die Honigwaben zu zwei Drittel, besser jedoch drei Viertel verdeckelt, können sie entnommen und geschleudert werden. Es ist jedoch kein Problem, sie bis Juli in der Beute zu belassen und Frühjahrs- und Sommerhonig in einer Schleuderaktion zusammen zu ernten.

Vor dem Schleudern werden die Wachsdeckel auf den Honigzellen abgehoben.

Beim Schleudern lassen Zentrifugalkräfte den Honig aus den Waben fließen. Die Geschwindigkeit muss angepasst werden, um Wabenbruch zu vermeiden.

Der Honig fließt aus der Schleuder in ein Doppelsieb, das Wachsreste herausfiltert.

Kontrolle der Varroamilben

Obwohl Jungvölker meist eine geringe Milbenbelastung aufweisen, weil sie während der Brutunterbrechung viele Varroen verloren haben, sollten auch bei ihnen ab Juli die Milben gezählt werden.

Nach der Honigernte muss in allen Völkern bis September monatlich die Milbenbelastung der Völker ermittelt werden. Es genügt nicht, nur ein Volk auf einem Stand zu untersuchen, weil es aus Gründen, die wir nicht exakt kennen, Völker mit wenigen und andere mit sehr vielen Milben gibt. Es ist auch fahrlässig, auf eine Behandlung zu verzichten, weil man der Meinung ist, es gäbe wenige Milben, weil man sie bei der Winterbehandlung weitgehend heruntergeholt habe. Völker können im Laufe der Bienensaison unerwartet viele Milben haben.

Ein wichtiger Faktor für die Milbenbelastung sind Völkerdichte und Abstand zwischen den Beuten. Gerade starke Völker versuchen bei Trachtmangel, bei anderen Völkern auf demselben Stand genauso wie beim Nachbarn Honig zu rauben. Schwache Völker mit einer großen Milbenlast vermögen sich gegen die Räuberei nicht zu wehren. Und mit dem süßen Honig tragen die Räuberinnen auch Varroen mit nach Hause. Bereits vor vielen Jahren hat der Biologe Wolfgang Ritter, Experte auf dem Gebiet der Bienengesundheit, gezeigt, dass ein milbenfreies Volk in einer Woche sage und schreibe wieder von 1000 Parasiten im Stock bedrängt wird. Ähnliche Erfahrungen haben auch wir gemacht. Nach einer erfolgreichen Behandlung, bei der 1200 Milben fielen, waren drei Wochen später durch Reinvasion wieder 1000 Milben im Stock. Am Ende der Bienensaison hatten wir insgesamt mehr als 5000 Milben aus dem Volk geholt!

Gefahr durch Varroamilben

Die Varroamilbe ist ein Parasit, der Ende der 1970er-Jahre von einem Bienenforschungsinstitut nach Deutschland eingeschleppt wurde und sich in wenigen Jahren durch den globalen Handel mit Völkern und Königinnen über die ganze Welt ausgebreitet hat. Australien gilt noch als milbenfrei, doch die Milbe wurde 2019 auch dort zum ersten Mal in Völkern gesichtet, die mit einem Frachter im Hafen landeten. In Asien lebt die Milbe mit *Apis cerana,* einer verwandten Honigbienenart, in Koexistenz, d. h. ohne die Völker zu gefährden: Weil die Entwicklung der Arbeiterin kürzer ist als bei *Apis mellifera,* kann sich die Milbe in der Arbeiterinnenbrut nicht vermehren, sondern nur in den Drohnen. Und weil die Drohnen von *Apis cerana* sich selber aus den Brutzellen befreien müssen, fehlt ihnen bei starkem Befall die Kraft dazu – Drohne und Milbe sterben in der verdeckelten Zelle.

Bei uns vermehrt sich die Varroa sowohl in der Arbeiterinnen- als auch in der Drohnenbrut erfolgreich und verdoppelt ihre Zahl alle drei Wochen. Überwintert ein Volk beispielsweise mit 50 Milben, wird es dann im September von mehr als 3000 Parasiten geplagt werden.

Varroamilben sind für die Reproduktion auf Bienenlarven angewiesen, an denen sie Hämolymphe saugen. Sie ernähren sich, wenn sie auf den Bienen sitzen, vom Fettkörper, einem lebenswichtigen Speicherorgan. Die Schwächung von Brut und Bienen wird noch durch die Tatsache verschärft, dass die Milben eine ganze Reihe von Bienenviren übertragen. Das Flügeldeformationsvirus (DWV) und das Akute-Bienen-Paralyse-Virus (ABPV) sind häufig und leicht erkennbar an verkrüppelten Flügeln und Bienen, die sich kaum noch bewegen können und vom Flugbrett herunterfallen.

Sind zu Beginn des Winters um die 3000 Milben in einem Volk, überlebt es die kalte Jahreszeit nicht. Sind es bereits vor Ende Juni einige Hundert Parasiten, wird der Krankheitsdruck so groß, dass das Volk stirbt. Der erste Schritt zur Bekämpfung der Milbe ist eine sichere Diagnose, um den Befall der Bienenvölker zu ermitteln (siehe dazu Seite 115).

Fütterung im Sommer und im Winter

Nicht nur hinsichtlich des Varroabefalls sollte das Bienenvolk im Sommer beobachtet werden, sondern auch hinsichtlich des Honigvorrats. Anfang August müssen die vorhandenen Futtervorräte geschätzt werden: Eine ganze, vollkommen verdeckelte Einraumbeuten-Wabe enthält mindestens drei Kilogramm Futter oder Honig. Bis Mitte September sollten die Bienen je nach Region zwischen 15 und 25 Kilogramm Futter in den Kästen haben.

Besonders wenn Honig im Zuckerwasser gelöst ist, hat der Duft des Futters eine hohe Anziehungskraft für alle Bienen in der Umgebung. Deshalb muss darauf geachtet werden, dass die Fütterung des einzelnen Volkes so durchgeführt wird, dass fremde Bienen es nicht mitbekommen. Sonst kann Räuberei entstehen, die nicht nur zwischen zwei, sondern zwischen mehreren oder gar allen Bienenvölkern eines Bienenstandes stattfindet. Räuberei führt in der Regel zum Tod der beraubten Völker. Auch starke, gute Völker können Opfer einer Räuberei werden, die zu Beginn an intensiven Kämpfen am Flugloch erkannt werden kann. Im fortgeschrittenen Stadium gibt es nur noch ein intensives Rein- und Rausfliegen der Räuberbienen weit über die normale Sammelflugzeit hinaus. Weil sie große Mengen Futter und Honig hinausschleppen, klebt oft die Umgebung außen um das Flugloch herum. Das beste Mittel gegen Räuberei ist das sofortige Wegstellen des Bienenvolks an einen neuen Platz außerhalb des Flugradius von drei Kilometern.

Um Räuberei zu vermeiden, ist es empfehlenswert, die Bienen am Abend nach dem Bienenflug zu füttern. Wenn mehrere Völker gefüttert werden, empfiehlt es sich, erst überall die Futtereimer mit Stroh, aber ohne Futter in die Einraumbeuten zu stellen und mit Wachstuch und Weichfaserplatte zu verschließen. Erst wenn alle Beuten so ausgerüstet sind, wird das Zuckerwasser zügig eingefüllt.

Werden die Nächte kühler als 5 bis 7 °C, nehmen die Bienen das flüssige Winterfutter aus der Schale oder dem Eimer kaum noch ab. Wer jetzt nicht ausreichend aufgefüttert hat, wird im nächsten Frühjahr Stress haben, wenn es den Völkern im März oder April an Futter mangelt. Eine Notfütterung an kalten Apriltagen kann dann nur sehr schwer, z. B. mit festem Honig oder einem Honigfutterteiggemisch auf den Oberträgern direkt am Sitz der Bienen, durchgeführt werden.

Winterfütterung

Der Zeitpunkt, wann mit der Winterfütterung begonnen wird, ist von der Nektartracht in der jeweiligen Region abhängig und in verschiedenen Landschaften unterschiedlich. Anders als die Jungvölker, die nach der Bildung kontinuierlich gefüttert werden, werden Altvölker erst nach der letzten Honigernte am Ende der Bienensaison im Spätsommer mit großen Futterportionen (fünf bis acht Liter) mit einer Mischung aus 2 Teilen Tee, 3 Teilen Zucker und 10 Prozent Honig, bezogen auf die Zuckermenge, für den Winter versorgt (Rezept siehe Seite 74).

Im Naturzusammenhang sind gegebenenfalls die Sammlerinnen in der Kirschblüte bis hin zu denen der letzten Spätsommertracht mit der Bildung der Honig-Wintervorräte beschäftigt. Das sind sehr viele Bienengenerationen. Bei unserer Stoßfütterung nach der letzten Honigernte mit Zuckerwasser im Spätsommer ist das ganz anders. Hier wird oft nur zwei Bienengenerationen die Umarbeitung und Einlagerung der gesamten Winterfuttermenge zugemutet, was eine enorme Anstrengung für die Bienen bedeutet. Gesunde Völker schaffen das gut. Die Zufütterung hält aber in Sachen Qualität keinem Vergleich mit der Vielfalt der verschiedenen Honigsorten des Jahreslaufs stand, die von den Bienen bei ausreichender Tracht als Winterfutter eingelagert werden.

Manche Völker lagern nur ganz wenige Vorräte in den Waben ein, obwohl sie drei Futtereimer geleert haben. Sie sind auch nicht ausgeräubert worden, sondern haben das Futter einfach verbraucht. Das Umgekehrte kann auch der Fall sein. Die Waben sind bis auf die letzte freie Zelle voll mit verdeckeltem Futter. Hier ist es sinnvoll, die Bienen von den Waben zu wischen und diese bienenfreien Waben aus der Beute zu entfernen. Entweder hängt man sie einem anderen Volk, das noch Vorräte braucht, dazu oder bewahrt sie in Wabentransportkisten für die Futterkontrolle im Spätwinter auf. Ein paar Tage Kälte unter 0 °C tötet die Wachsmotten ab, die sonst in der warmen Jahreszeit große Schäden anrichten können.

Die Vorrats-Situation sollte in der Stockkarte oder im Bienentagebuch vermerkt werden, um im Spätwinter (Februar) an einem warmen Mittag noch einmal nach den Vorräten zu schauen. In diesem Notizheft oder im Tagebuch können jeweils mit dem genauen Datum im ganzen Jahr Beobachtungen eingetragen werden. Das gilt nicht zur Fütterung, sondern auch zur Witterung, der Vegetation, dem Schwarmgeschehen oder der Varroabehandlung.

Die Wärmebildkamera zeigt, wo die Wintertraube in der Einraumbeute sitzt und wie groß sie ist.

Nach der ersten Frostnacht stellen sich die Völker auf den nahenden Winter ein. Als Faustregel gilt, dass die Völker bei weiterhin kühlen Tagen 21 Tage später brutfrei sind, weil die Königin nach dem ersten Frost keine Eier mehr legt. Ab diesem Zeitpunkt können Oxalsäure-Behandlungen durchgeführt werden (siehe dazu Seite 123).

Ritzen und kleine Löcher in den Kastenwänden oder zwischen den Rähmchen-Oberträgern und der Abdeckung werden von den Bienen mit Propolis (Kittharz) dicht gemacht. In der Winterzeit schließt sich das Volk total von der Umgebung ab. Aus dem Riesen, der sich im Sommer über einen Radius von durchschnittlich drei Kilometern ausdehnt, ist ein hand- bis fußballkleiner Zwerg geworden. Eng zusammengekuschelt in der Wintertraube verlassen die Bienchen die Behausung an den wenigen Tagen mit Temperaturen über 11 °C nur für die Entleerung der Kotblase.

Gesunde Völker zeigen ihre Präsenz nur mit einem leisen Summen an, das mit dem Ohr an der Kastenwand hörbar ist. Kleine oder kranke Völker tönen lauter und weniger einheitlich. Wer das Ohr nicht an den Kasten legen mag und auch kein Stethoskop besitzt, kann sich mit einer Wärmebildkamera über die Größe und den Sitz der Wintertraube jederzeit einen Eindruck verschaffen. Die Winterruhe wird möglichst nicht gestört – wir treten mit den Völkern mit innerer Wachheit und Hingabe in Beziehung.

Winterpause und Neubeginn

Brutfreiheit des Volkes ist ein sichtbares Zeichen für die Winterruhe, aber auch seine ganze Physiologie ist anders geworden. Wurden die Schwestern im Sommer um die 30 bis 40 Tage alt – manchmal auch weniger –, so leben die Winterbienen sechs bis sieben Monate! Möglich macht diesen Unterschied der Fettkörper, das Energie- und Kraftspeicherorgan jeder Biene. Im Sommer dient er den Ammenbienen als Quelle für die Aktivierung der vielen verschiedenen Futtersaftdrüsen, jetzt bleibt er weitgehend unangetastet. Mit dem unbenutzten Speicherorgan geht auch eine Veränderung des Hormonhaushaltes in den einzelnen Bienen und im Stock einher. Die Konzentration des Juvenilhormons, das im Sommer die Ammentätigkeit stimuliert, fällt auf 20 Prozent des Wertes. Nicht unerwartet reagiert auch die Varroamilbe auf diese Umstellung. Wir wissen nicht, ob das Fehlen der Brut, auf die sie für ihre Vermehrung angewiesen ist, zu einer Umstellung führt, oder ob die Zusammensetzung des Fettkörpers die Verwandlung zur Wintermilbe hervorruft. Auf jeden Fall krallen sich die Parasiten auf den Wirtinnen fest. Das macht sich am natürlichen Milbentotenfall bemerkbar: Im Winter bedeutet eine Milbe pro Tag auf der Unterlage etwa 400 Varroen im Volk.

Bereits ab Mitte Januar beginnt das Volk genauso unbemerkt, wie es im Juli anfängt, Winterbienen aufzuziehen, erste kleine Brutflächen zu pflegen. Diese werden erst mit dem Blühbeginn der Salweide richtig ausgedehnt. Die nächsten Wochen sind für das Volk eine enorme Belastung. Denn mit der Erweiterung des Brutnestes müssen die weniger werdenden, alten Winterbienen eine wachsende Zahl von Maden füttern, wärmen und pflegen, das Verhältnis von Maden pro Biene liegt oft bei 3:1. Nach wenigen Wochen dreht es sich um zu 1:1, später 1:2 und noch später gibt es so viele Jungbienen, dass nicht mehr alle Ammenbienen Brut pflegen. In ihren Drüsen kommt es zum Futtersaftstau, der als einer von mehreren Faktoren das Schwarmgeschehen auslöst. Das Bienenvolk fühlt sich stark und vital. Das neue Bienenjahr beginnt!

Bienengesundheit – Bienenkrankheiten

Wer Angehörige oder nahestehende Freunde in schweren Krankheitssituationen begleitet hat, durfte hie und da miterleben, dass aus einem Leben trotz Krankheit ein anderes, aber auch erfülltes Leben wurde. Es scheint dann, dass Krankheiten nicht nur eine Bedrohung darstellen, die möglichst schnell und möglichst effizient aus der Welt geschafft werden müssen, sondern zu neuen Lebensentwürfen führen und damit in einer gewissen Weise auch ihren Sinn haben können.

Bei den Bienen wäre es irrig, die Bedeutung von Krankheiten auf einer wie auch immer gearteten psychischen oder mentalen Ebene zu suchen, doch haben sie auch bei Tieren einen Sinn. Sie übernehmen die wichtige Rolle, ihnen kontinuierlich Gelegenheit zu geben, Abwehrkräfte, beispielsweise das Immunsystem, aber auch spezifische Verhaltensweisen fortwährend zu entwickeln und anzupassen. Parasiten, pathogene Bakterien und Viren sind also einerseits schwächend, andererseits darf man sie auch als »Motor« der Entwicklung und Evolution bezeichnen. Aus dieser Perspektive erstaunt es nicht, dass alle Bienenvölker stets eine große Zahl pathogener Keime – Bakterien, Einzeller, Pilze und Viren – in sich tragen, ohne dass die Mehrheit der Völker daran erkranken würde.

Das gilt für die gefürchtete und meldepflichtige Amerikanische Faulbrut, die Europäische Faulbrut, die in der Schweiz weit verbreitet ist und auch Sauerbrut genannt wird, die Nosema (Frühjahrsschwindsucht) und eine Vielzahl der verschiedenen Bienenviren wie das Akute-Bienen-Paralyse-Virus, das Sackbrutvirus und nicht zuletzt auch für die Varroamilbe, die zum einen die Bienen direkt schädigt und zum anderen das Flügeldeformationsvirus und eine Reihe anderer Viren überträgt (siehe dazu auch Seite 103).

Eine Krankheit bricht erst aus, wenn ein krankmachendes Agens vorhanden ist und bei dem Tier oder hier bei der Biene eine Disposition oder Schwächung vorliegt. Aus dieser Perspektive ist die Bekämpfung von Krankheiten biologisch gesehen problematisch, weil die betroffenen Lebewesen nicht »lernen«, sich gegen sie zu wehren. Darüber hinaus entwickeln Parasiten und Pathogene durch die Bekämpfung überraschend schnell Resistenzen, so auch die Varroamilbe gegen viele chemisch-synthetische Bekämpfungsmittel, die in den Anfängen der »Varroa-Ära« eingesetzt wurden.

Wolfgang Ritter, der frühere Leiter der Bienenkunde am Tierhygienischen Institut in Freiburg im Breisgau, meint selbstkritisch, dass die Entscheidung Ende der 1970er-Jahre, die Varroamilbe mit chemischen Mitteln zu bekämpfen, falsch gewesen sei. Ohne diese massive Bekämpfung, zeigt er sich überzeugt, hätten die Bienenvölker heute längst Toleranz- oder Resistenzmechanismen entwickelt.

Die Geschichte gibt ihm tatsächlich recht. An vielen Orten in Europa gibt es Imker, die ihre Bienenvölker nicht mehr gegen die Milbe behandeln und langfristig keine nennenswerten Völkerverluste zu beklagen haben.

Dabei fallen verschiedene Dinge auf. Erstens stellen sich Toleranzen und Resistenzen nach etwa vier bis sechs Jahren »von selber« ein, wenn Bienenvölker diese Fähigkeiten unbehindert entwickeln dürfen. Das ist bei den wissenschaftlich gut dokumentierten Völkern auf Gotland und in Avignon der Fall und wird von Imkern in Norwegen, der Schweiz, Wales und den Niederlanden bestätigt, die keine Behandlungen gegen die Milben mehr vornehmen. Dem stehen mehr als 20 Jahre Züchtungsbemühungen an privaten und öffentlichen Forschungsinstituten gegenüber, die in Sachen Resistenzzüchtung bis heute wenige Fortschritte erzielt haben. Offensichtlich entziehen sich Varroatoleranz- und resistenzeigenschaften der herkömmlichen Züchtungsstrategie von einfachen vererbten Merkmalen mit einzelnen oder wenigen Erbfaktoren.

Zum anderen – und das ist die Bestätigung der obigen Vermutung – gibt es eine ganze Reihe von bekannten Faktoren, welche Toleranz und Resistenz begünstigen. Eine erste hängt unmittelbar von der Wirtschaftsweise der Imkerinnen und Imker ab. Eine geringe Völkerdichte reduziert die Verfrachtung von Milben von einem Volk ins andere. Die sogenannte horizontale Verbreitung bringt zwei Probleme mit sich. Zum einen werden Völker, die bereits eine gewisse Toleranz oder Resistenz entwickelt haben, z. B. indem sie Milben entfernen, immer wieder durch neu eingetragene Milben bedroht. Zum anderen wissen wir, dass bei einer horizontalen Verfrachtung die Virulenz eines Parasiten steigt, das heißt, dass die Milben aggressiver werden. Vielleicht

Weltweit gibt es Bienenvölker, die mit der Varroamilbe in Koexistenz leben und überleben können (mit blauen Punkten markiert). Sie kommen auf allen Kontinenten mit den entsprechenden unterschiedlichen Klimata, bei verschiedenen Rassen, ganz unterschiedlichen imkerlichen Praktiken und Völkerdichten vor. Diese Tatsache weist darauf hin, dass die Anpassungsfähigkeit, mit der die Honigbiene 50 Millionen Jahre lang überleben konnte, auch heute noch intakt ist. In keinem einzigen Fall ist Varroaresistenz oder -toleranz durch gezielte, künstliche Züchtung entstanden *(Abbildung nach Barbara Locke, 2015, erweitert).*

ist das der Grund dafür, dass in den 1980er-Jahren Völker mit 10 000 Milben den Winter überstanden haben, heute jedoch mit 3000 Parasiten bereits im Dezember sterben.

Ein weiteres Merkmal toleranter oder resistenter Völker ist ihre Größe: Sie sind meist kleiner als die üblichen Wirtschaftsvölker der meisten Imker, weil sie weniger Brut aufziehen oder leichter und häufiger schwärmen. Leider wird solchen Völkern in der Forschung wenig Beachtung geschenkt, obwohl sie bei guten Trachtbedingungen auch Honig eintragen, der geerntet werden kann.

Im Naturzusammenhang erfüllen Bienenvölker, die imkerlich bezüglich Volksgröße und Honigertrag keine Höchstleistungen erbringen, durchaus ihre Aufgaben als Bestäuber. Für die Blüte ist es einerlei, ob die bestäubende Biene aus einem großen oder kleinen Volk stammt.

Einflüsse auf den Varroabefall

Ein Blick auf den Reproduktionszyklus der Varroa zeigt, dass die Milbe trotz ihrer verheerenden Auswirkungen nicht besonders gut an die Honigbienen angepasst ist. Kurz vor dem Verdeckeln einer Brutzelle am 8. oder 9. Tag krabbelt ein begattetes Milbenweibchen in die Zelle. In den ersten 70 Stunden legt es keine Eier ab, weil die Geschlechtszellen – Spermien und Eier – noch ausreifen müssen. Danach wird im Abstand von 30 Stunden ein befruchtetes Ei gelegt. Aus dem ersten wird immer ein Männchen, aus allen anderen werden Weibchen. Die geschlüpften, geschlechtsreifen weiblichen Milben werden von ihrem Bruder noch in der Zelle begattet. Der Bruterfolg ist bescheiden. Im Durchschnitt schlüpfen in der Arbeiterinnenbrut etwa 1,3 begattete Milben pro Reproduktionszyklus. Das heißt, dass nur bei jeder dritten Mutter auch eine fortpflanzungsfähige Tochter die Zelle verlässt. Der bescheidene Erfolg genügt jedoch für eine Verdoppelung der Milbenzahl alle drei bis vier Wochen und einen Anstieg der Milbenpopulation von 50 Tieren zu Beginn der Bienensaison auf 3000 im Sommer.

Milbenweibchen bevorzugen Drohnenbrut achtmal lieber als Arbeiterinnenbrut – wenn sie vorhanden ist. Wegen der längeren Verdeckelungszeit der Drohnen ist der Reproduktionserfolg mit 1,8 bis 2 Milben pro Reproduktionszyklus größer als in der Arbeiterinnenbrut.

In einem Gedankenspiel kann über Eigenschaften und Verhaltensweisen, die eine Resistenz oder Toleranz der Bienenvölker befördern, spekuliert werden: Beispielsweise könnte eine verzögerte Eiablage der Milbenweibchen die Zahl der Nachkommen verkleinern. Man kann sich auch vorstellen, dass Bienen befallene Brutzellen ausräumen oder dass sie sich gegenseitig die Milben aus dem Pelz entfernen. Tatsächlich wurden diese Verhaltensweisen alle beobachtet. Bei den varroaresistenten Völkern auf Gotland bilden die Puppen eine Substanz, die eine Eiablage verzögert. Bei den Völkern in Avignon wurde das Ausräumen der befallenen Bienenbrut beobachtet. Dieses Verhalten wird als Varroa-Sensitive-Hygiene (VSH) bezeichnet. Und Imker, die tote Milben auf der Unterlage mit einer Lupe untersuchen, stellen an den Parasiten oft Bissspuren fest: Antennen oder Beine fehlen, die Brustpanzer sind angenagt. Man vermutet, dass diese Schäden entstehen, wenn sich die Bienen gegenseitig putzen. Das Verhalten wir als »Grooming« bezeichnet.

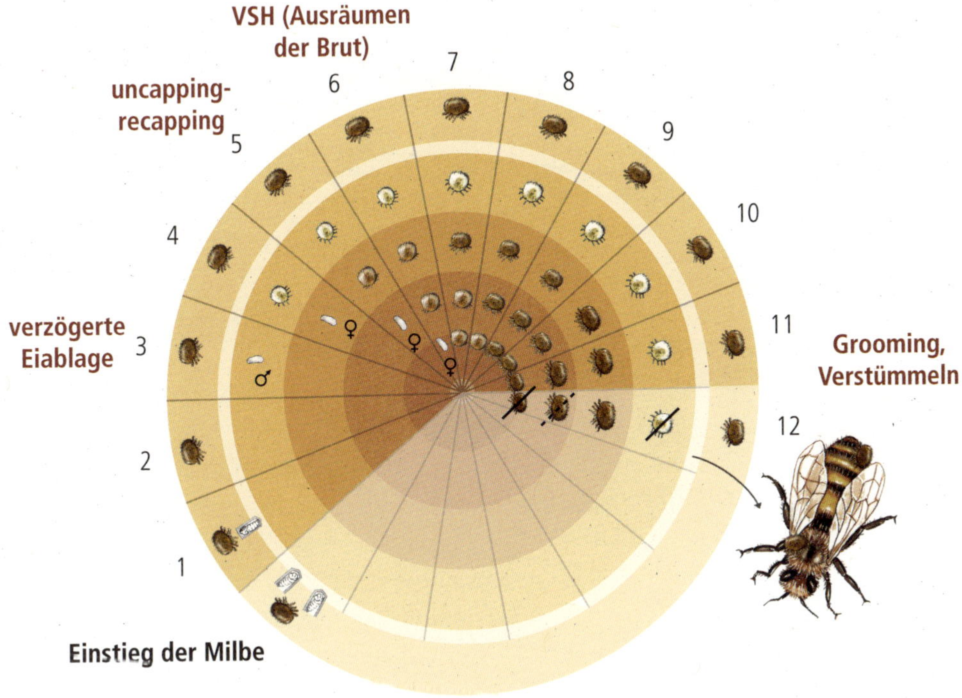

Die Reproduktionsbiologie der Milbe ist hier schematisch dargestellt. Das Varroamilben-Weibchen steigt kurz vor dem Verdeckeln in die offene Brutzelle und schlüpft zur selben Zeit wie die Arbeiterin, mit einer, manchmal zwei geschlechtsreifen Töchtern. Mit vier bekannten Verhaltenseigenschaften, die varroaresistente Völker auszeichnen (von der verzögerten Eiablage bis zum Grooming), wehren sich die Bienen gegen die Eindringlinge. Es ist bekannt, dass alle Völker diese Eigenschaften unterschiedlich stark ausgebildet haben.

Schließlich wurde durch Videoaufnahmen des Brutnestes gezeigt, dass Bienen verdeckelte Zellen oft bis zu zwölfmal öffnen und wieder verschließen. Im Englischen spricht man von »uncapping-recapping«. Man vermutet, dass diese Verhaltensweise die Entwicklung der Milbe stört. Sie ist vergleichbar mit der Situation im Doppelbett, wo ein Partner dem anderen die Decke wegzieht. Einer erwacht, zieht die Decke wieder zu sich, jetzt erwacht der andere und das Spiel wiederholt sich … An erholsamen Schlaf ist nicht mehr zu denken.

Experten schätzen, dass eine Verringerung der Vermehrungsrate einer Milbenpopulation von lediglich 30 Prozent ausreichen würde, um das Überleben der Völker und damit die Koexistenz mit der Milbe sicherzustellen.

So sehr wir die Bemühungen unserer Kollegen begrüßen und uns bei Mellifera e. V. in Forschungsprojekten auch mit Toleranzfragen beschäftigen, raten wir dringend ab, auf eine Behandlung der Völker gegen die Varroamilbe zu verzichten. Es kann sonst leicht passieren, dass Kleinimker mit drei oder vier Völkern bereits nach dem ersten Winter einen Totalverlust zu beklagen haben. Besonders Jungimker sollten sich mit gut ausgewinterten Völkern an ihrem neuen Hobby freuen können. Alle, die Bienen halten, haben darüber hinaus eine Verantwortung ihren Bienen und auch den Völkern in der Nachbarschaft gegenüber. Und noch einmal müssen wir daran erinnern, dass gerade in Deutschland die Varroa-Behandlung gesetzlich vorgeschrieben ist.

Gleichzeitig möchten wir jedoch erfahrene Imkerinnen und Imker ermutigen, in Absprache mit Bienenforschungsinstituten Schritte zu varroatoleranten oder -resistenten Völkern zu gehen. Lokal erfolgversprechende Völker könnten dann durch sorgfältige Beobachtung ausgewählt und vermehrt werden. Nur gemeinsame Anstrengungen eines regional abgesprochenen Verzichts auf Behandlung, durch den sich eine behandlungsfreie, lokale Landrasse entwickeln könnte, versprechen in unseren Augen wirklich Erfolg.

Der bereits erwähnte Feldversuch auf Gotland vermittelt einen Eindruck, worum es geht. Bei dem internationalen Forschungsprojekt auf der schwedischen Ostsee-Insel Gotland, an dem neben dem schwedischen Bienenwissenschaftler Ingemar Fries auch der Biologe Peter Rosenkranz von der Landesanstalt für Bienenkunde Baden-Württemberg und Forscher vom Zentrum für Bienenforschung in der Schweiz beteiligt waren, wurden 150 Bienenvölker an mehreren Ständen aufgestellt. Über einen Zeitraum von sieben Jahren wurde untersucht, wie sich der Varraobefall auf die Bienenpopulationen auswirkt. Von den 150 Völkern bei Versuchsbeginn lebten nach drei Jahren ohne Behandlung nur noch sechs, d. h. weniger als fünf Prozent. Die Winterverluste reduzierten sich jedoch in den Folgejahren und die Bienen kamen mit dem Varroabefall besser zurecht. Wie wir aber in der Schweizerischen Bienenzeitung gelesen haben, mussten die übrig gebliebenen Versuchsvölker 2019 mit Oxalsäure behandelt werden, weil sie sonst wohl den Winter kaum überlebt hätten.

Die Varroadiagnose

Jede Imkerin und jeder Imker sollte es sich zur Pflicht machen, ab Juli die Milbenbelastung der eigenen Völker bis Ende September monatlich zu zählen. Wir halten in Kleinimkereien wenig von einer Behandlungsmethode, die ohne vorherige Diagnose durchgeführt wird. In Berufsimkereien mit Hunderten oder Tausenden von Bienenvölkern sieht die Sache anders aus. Sie können aus Zeitgründen nicht differenziert auf einen unterschiedlichen Milbendruck in einzelnen Völkern reagieren und arbeiten rezepthaft gegen die Varroose, d. h., sie setzen bei jedem Volk Ameisensäure und meistens Oxalsäure ein.

Es gibt zwei Methoden, die Milbenzahl im Volk zuverlässig zu erfassen. Die Windeldiagnose erfasst den natürlichen Milbenfall, mit der Puderzuckermethode werden die Milben auf den Bienen aktiv heruntergeholt und gezählt.

Für beide Methoden gilt: Im Juli sind 5 gefallene Milben pro Diagnosetag unbedenklich, im August sind es 10 und im September ebenfalls 10. Experten behaupten, dass der frühere Grenzwert von 15 Milben heute zu hoch sei. Werden diese Grenzwerte überschritten, müssen die Völker zeitnah gegen die Milben behandelt werden. Bei über 25 Milben ist eine sofortige Behandlung zu empfehlen (siehe dazu Seite 119).

Milbendiagnose und Handlungsbedarf

Diagnosemethode und Handlungsbedarf	Juli	August	September
Milbenfall auf Unterlage, innerhalb von drei Wochen behandeln	5–25 Milben	10–25 Milben	15–25 Milben
Puderzuckermethode, innerhalb von drei Wochen behandeln	5–25 Milben	10–25 Milben	10–25 Milben
Schadschwelle erreicht, sofort behandeln!	25 Milben	25 Milben	25 Milben

Anmerkung: Im Winter sollten im Durchschnitt nicht mehr als 0,5 Milben pro Tag fallen, sonst werden Völker nach der Auswinterung Probleme haben.

Windeldiagnose

Die Windeldiagnose, bei der eine saubere Unterlage oder wie bei der neuesten Version der Einraumbeute zwei flache Varroa-Diagnoseschalen über die Inspektionsklappe eingeschoben werden, erfasst den natürlichen Milbenfall, ohne dass das Volk geöffnet werden muss. Nach zwei bis drei Tagen werden alle toten und natürlich abgefallenen Milben gezählt und durch die Anzahl der Diagnosetage dividiert. Wer sich die Zeit nehmen will, die Milben mit einer Lupe zu beobachten, kann untersuchen, ob Parasiten mit abgebissenen Beinen oder anderen Beschädigungen zu finden sind. Falls ja, lässt das auf *Grooming* (siehe Seite 112) schließen.

Wichtig ist bei dieser Methode, dass weder Bienen noch Ameisen an die Milben herankommen können, weil beide sie von der Unterlage entfernen. Die letzteren entfernen sie, weil Milben ein willkommenes Futter sind, die ersteren, weil sie ihren Bienenstock sauber halten wollen. Gegen Ameisen helfen Haushaltpapiere auf der Unterlage, die mit einem Speiseöl getränkt werden. Gegen die Putzaktion der Bienen helfen bienendichte Gitter oder die bienendichten Schutzroste auf den Diagnoseschalen.

Die Puderzuckermethode

Das zweite Verfahren, das eine ebenso zuverlässige Schätzung des Milbenbefalls erlaubt, ist die Puderzuckermethode, die vom Bieneninstitut in Kirchhain entwickelt wurde. Dazu wird die erste brutfreie Wabe neben dem Brutnest langsam herausgezogen und die Bienen werden auf eine Folie oder ein dickes Papier (DIN A3) abgestoßen. Danach wird ein Urinbecher (100 ml) mit Bienen vollgefüllt und rasch in einen 1-Liter-Becher transferiert, der mit einem bienendichten Siebdeckel verschlossen wird. Dieser Becher kann bei Mellifera bezogen oder auch selbst gebastelt werden.

Drei Esslöffel mit feinem, trockenem Puderzucker werden durch den Siebdeckel beigefügt und Bienen und Zucker drei Minuten lang sanft geschüttelt. Alle Bienen sollten gut eingestaubt sein. Danach wird der Schüttelbecher umgedreht und der Puderzucker mit sehr kräftigen Stößen in das Feinsieb eines Honig-Doppelsiebs hineingeschüttelt. Die weiß bepuderten Bienen gibt man ins Volk zurück, wo sie von den Schwestern rasch vom Zucker befreit werden. Der Zucker fällt durch, die Milben bleiben im Sieb liegen und können gezählt werden. Die Zählung wird erleichtert, wenn die Milben auf eine weiße Unterlage geschüttelt und verteilt werden. Die Prozedur wirkt brutal, doch haben Untersuchungen gezeigt, dass die Bienen nicht geschädigt werden.

Weshalb wird die erste brutfreie Wabe entnommen? Die Milben sitzen bevorzugt auf jungen Ammenbienen, die sich auf der offenen Brut aufhalten, und springen von ihnen in die Brutzellen. Deshalb ist die Zahl der Milben bei diesen Bienen höher als diejenige von solchen auf der brutfreien Wabe.

Untersuchungen am Zentrum für Bienenforschung in der Schweiz haben gezeigt, dass ein Mittelwert von zwei Zählungen pro Volk sehr gute reproduzierbare Werte liefert. Weil wir die Milben von Juli bis September monatlich zählen, ist eine Wiederholung der Zählung nur in Zweifelsfällen oder bei unrealistisch hohen Milbenzahlen nötig.

Ralph Büchler vom Bienenforschungsinstitut in Kirchhain schätzt, dass im Sommer eine Milbe pro Tag auf der Unterlage oder mit der Puderzuckermethode etwa 150 bis 250 Milben im Volk bedeuten. Im Winter kommen auf eine Milbe pro Tag etwa 400 Milben im Volk (siehe dazu Seite 107).

Diese Zahlen sollten unseres Erachtens mit viel mehr Daten abgesichert werden. Gerne nehmen wir Zahlen des natürlichen Milbenfalls oder der Puderzuckerdiagnose und die Ermittlung des Milbentotenfalls nach Behandlungen entgegen (Adresse siehe Seite 168). Wir haben in einem Kleinversuch im August und September bei zehn Völkern den natürlichen Milbenfall und die gefallenen Milben nach einer Ameisensäurebehandlung ermittelt. Pro Milbe auf der Unterlage waren lediglich 70 Milben im Volk.

Weil jede Therapie auf eine gute Diagnose angewiesen ist, wäre es hilfreich, mehr über den Zusammenhang zwischen natürlichem Totenfall und der Zahl der Milben im Volk zu wissen.

Eine Behandlung sollte ohne vorherige Zählung nicht durchgeführt werden, genauso wenig wie uns Menschen ohne medizinische Untersuchung Antibiotika verschrieben werden. Die flächendeckende, gleichzeitige Behandlung gegen die Milben, die heute von Imkerverbänden in einigen Regionen empfohlen wird, mutet an wie eine prophylaktische Chemotherapie der ganzen Bevölkerung ohne vorherige Diagnose. Dieses drastische Bild wurde nicht von »Behandlungsgegnern« vorgebracht, sondern von Richard Wyss, dem früheren Präsidenten des Vereins der deutschen und rätoromanischen Bienenhalter, BienenSchweiz (früher VDRB).

Wir teilen die Ansicht von Ralph Büchler, dass nur die permanente Anwesenheit der Milbe – gerade auch in den Wintermonaten – in den Bienenvölkern Impulse für die Auseinandersetzung von Bienen und Milben setzt, die Voraussetzung für eine Toleranz oder Resistenz ist. Wir müssen lernen, nicht zu früh und nicht zu spät zu behandeln.

Aber: »Be prepared for tears«, schrieb der befreundete Warré-Imker David Heaf in Wales, einer der ersten erfolgreichen Nichtbehandler, der in seiner Heimat eine richtige Volksbewegung ausgelöst hat. In einem Jahr waren von 20 seiner Völker nur noch zwei übrig. Doch als eifriger Schwarmimker und Schwarmfänger mit Lockbeuten und mit Bienenvölkern aus Kaminen konnte er seinen Bestand immer wieder aufbauen.

Die Varroabehandlung

Unabhängig vom Beutensystem gibt es heute drei verschiedene Methoden, die Milbenzahl in den Völkern in der wesensgemäßen Bienenhaltung zu reduzieren: eine physikalische, eine chemische und eine biologische.

Physikalisches Verfahren

Die Hyperthermie ist ein physikalisches Verfahren, das vor vielen Jahren besonders an der Universität Hohenheim getestet wurde, kurz nachdem die Varroamilbe unbeabsichtigt nach Deutschland eingeführt worden war. Bienen überleben bei 42 °C und einer optimalen Luftfeuchtigkeit gut, die Varroa dagegen nicht. Im Praxisversuch mit Völkern in Beuten zeigte sich bald, dass die Bienen die Wärme aus dem Stock fächelten, bevor sie die Milben in der Brut erreichte. Erst als Brutwaben ohne aufsitzende Bienen erwärmt wurden, zeigte die Wärmebehandlung ihre Wirkung. Zufriedenstellende, ausschließlich auf Wärmebasis beruhende Behandlungsgeräte gibt es jedoch bisher für die Einraumbeute nicht.

Chemische Verfahren

Am häufigsten werden heute chemische Behandlungsmethoden praktiziert. Arzneimittel zur Behandlung der Bienen müssen dabei amtlich zugelassen sein. Weil die Varroamilben gegen viele der synthetischen Mittel Resistenzen entwickelt haben, sind Ameisensäure und Oxalsäure die Mittel der Wahl. Für Sommerbehandlungen wird in der wesensgemäßen Bienenhaltung Ameisensäure verwendet, weil sie die Milben auf den Bienen und in der Brut abtötet. Oxalsäure erreicht dagegen nur die Milben auf den Bienen und wird für die Restentmilbung in der brutfreien Zeit eingesetzt.

Die Verdunstung der Ameisensäure ist von Temperatur und Luftfeuchtigkeit abhängig. Den Wirkungsgrad von 95 Prozent erreicht sie bei 18 °C bis maximal 30 °C und geringer Luftfeuchtigkeit.

Die Behandlung richtet beträchtliche Schäden an der offenen Bienenbrut an. Man unterscheidet Stoß- und Langzeitbehandlung. Wir bevorzugen die Langzeitbehandlung, weil sie geringere Nebenwirkungen auf die Bienen und die Königin hat als die Stoßbehandlung. Zugelassen ist Ameisensäure in 60-prozentiger Verdünnung.

Langzeitbehandlung mit Ameisensäure

Die Langzeitbehandlung wird von uns in der Einraumbeute mit einem »Nassenheider Verdunster Universal H«, der in ein leeres Rähmchen eingebaut wird, durchgeführt. Dafür haben wir etwa 15 cm über dem Unterträger des Rähmchens noch eine horizontale Zwischenleiste in das Rähmchen eingebaut, von dem ein Vliestuch zum Oberträger hochgezogen und befestigt wird. Darauf wird der Nassenheider Verdunster befestigt. Während der Behandlung sollten die Öffnungen im Boden unten und die Lüftungsöffnung hinter dem Schied oben geschlossen sein.

Der Nassenheider Verdunster wird nach der mitgelieferten Anleitung zusammengebaut. In den Tank werden 180 ml 60-prozentige Ameisensäure eingefüllt.

Der Nassenheider Verdunster, der auf einem Rähmchen sitzt, wird zwischen dem Brutbereich (Rähmchen auf der rechten Seite) und dem Futterbereich (Rähmchen auf der linken Seite) eingesetzt. Über das Vlies, das am Oberträger befestigt wurde, verteilt sich die Ameisensäure in der Stockluft. Die Fütterung wird nach der Behandlung mithilfe des Futtereimers fortgesetzt.

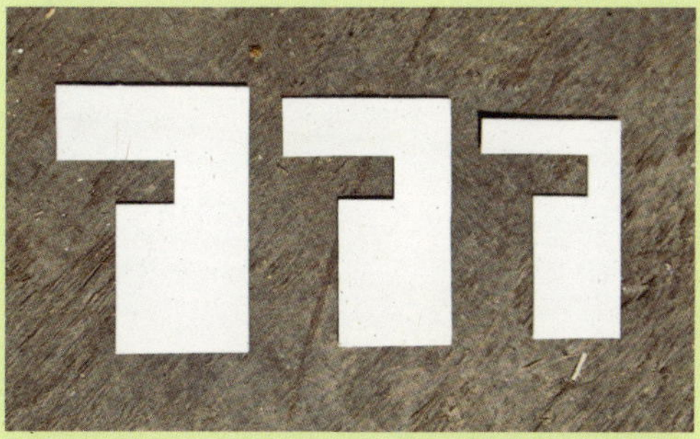

Drei Dochtgrößen stehen für den Nassenheider Verdunster zur Verfügung. Je größer der Docht, umso mehr Ameisensäure tropft auf das Vliestuch. Vom Vlies steigt sie auf und verteilt sich im Bienenstock.

Dazu sollten Gummihandschuhe und eine Schutzbrille getragen werden, denn die Ameisensäure ist stark ätzend. Über einen Docht tropft die Säure auf das eingelegte Vliestuch. Eine Folie unter dem Vlies verhindert, dass die Säure ins Holz einzieht. Vom Vlies steigt die Ameisensäure hoch und wird in der Stockluft verteilt.

Der Verdunster wird in der Einraumbeute zwischen die beiden ersten brutfreien Waben fluglochfern eingehängt. Die Verdunstungsrate sollte 12 bis 15 ml pro Tag betragen. Sie lässt sich durch die Wahl des Dochtes steuern. Die Behandlung sollte mindestens zwölf Tage dauern. Nach drei Tagen muss die Verdunstungsrate geprüft werden. Der Tank hat eine Graduierung, sodass es einfach ist abzulesen, ob 12 bis 15 ml pro Tag verdunstet sind. Sind es weniger, muss ein größerer Docht eingesetzt werden, sind es mehr, wird Ameisensäure nachgefüllt und ein kleinerer Docht eingesetzt. Drei verschiedene Dochtgrößen werden beim Kauf des Verdunsters mitgeliefert und können als Verschleißteil problemlos nachbestellt werden.

Einige Kollegen verwenden in der Einraumbeute auch den »Nassenheider Verdunster Professional« horizontal und stellen ihn dabei auf das in einer Wanne ausgelegte Vliestuch. Dafür braucht es jedoch eine Zarge von 10 cm Höhe, die auf die Beute gestellt werden kann. Die Ameisensäure tropft auf das Vliestuch, das auf der Folie ausgebreitet ist. Füllmengen und Verdunstungsdauer sind die gleichen wie beim vertikalen System.

Die Stoßbehandlung wenden wir nur in zwei Fällen an: Erstens, wenn die Temperaturen tagsüber mehr als 30 °C erreichen, in den Nächten jedoch unter 25 °C fallen, und zweitens bei Völkern im Stabilbau, wo die Bienen die Wabengassen gegen die Säureluft sehr gut abschließen und dadurch eine Langzeitbehandlung erfolgreich abschirmen können.

Bei der Stoßbehandlung werden 30 ml 60-prozentige Ameisensäure auf ein Schwammtuch gegossen, das danach auf einer Plastikunterlage unter das Brutnest geschoben wird. Im Abstand von zwei bis vier Tagen wird die Behandlung dreimal wiederholt. Mit diesem zeitaufwendigen Verfahren können die Völker ebenfalls erfolgreich von den Milben befreit werden.

Gelegentlich stoppt die Königin nach der Ameisensäure-Behandlung die Eiablage. Solche Völker müssen in kürzeren Abständen durchgesehen werden. Meistens fängt die Königin wieder an, Eier zu legen. Ist dies zwei Wochen nach der Behandlung noch nicht der Fall, muss die Königin durch eine neue ersetzt oder das Volk aufgelöst werden.

Einige Imkerinnen und Imker haben wegen der großen Nebenwirkungen für die Bienen begonnen, auf die Ameisensäure-Behandlung ganz zu verzichten. Sie verwenden auch im Sommer Oxalsäure zur Behandlung. Eine 3-prozentige Sprühlösung (Handelsbezeichnung Oxuvar® 5,7) wird im Abstand von vier Tagen drei- bis viermal auf die Bienen, die sich auf den Waben befinden, gesprüht (Details der Anwendung siehe Seite 124).

Auch dieses Verfahren ist zeitaufwendig. Weil jedes Milbenweibchen nach dem Schlupf aus der Brutzelle nicht sofort in eine neue Brutzelle krabbelt, sondern sich mindestens vier Tage lang auf einer Biene aufhält (man spricht von der phoretischen Phase), kann es in dieser Zeit mit Oxalsäure besprüht werden. Weil Arbeiterinnenbrut zwölf Tage verdeckelt ist, muss hier mindestens dreimal behandelt werden. Sollte noch verdeckelte Drohnenbrut vorhanden sein, ist eine vierte Behandlung angeraten.

Alternativ kann die Oxalsäure auch verdampft werden. Dafür stehen Geräte wie Varrox oder Oxomat zur Verfügung (siehe dazu Seite 124).

Die Winterbehandlung – Restentmilbung der Völker

Nach der ersten richtigen Frostnacht hört die Königin auf, Eier zu legen. 21 Tage später ist das Volk brutfrei, wenn nicht weitere warme Wintertage folgen. Ab diesem Zeitpunkt ist eine Restentmilbung mit Oxalsäure, die als Fertigpräparat zum tierärztlichen Gebrauch *(ad. us. vet.)* in der Apotheke oder im Imker-Fachhandel erhältlich ist, möglich. In Deutschland sind zwei Verfahren zugelassen: die Träufel- und die Sprühmethode. In Österreich und in der Schweiz ist darüber hinaus auch das Oxalsäure-Verdampfungsverfahren erlaubt. Bei richtiger Anwendung liegt der Wirkungsgrad aller drei Methoden jeweils bei mindestens 95 Prozent. Wir empfehlen die Behandlung, wenn ab Ende Oktober im brutfreien Volk mehr als 1 Milbe pro Tag fällt. Ein Volk sollte idealerweise mit weniger als 50 Milben in die nächste Bienensaison starten.

Wir wiederholen wieder unser Mantra: Zählt die Milben! Fallen nach der ersten Oxalsäure-Behandlung 1000 und mehr Milben, muss eine zweite durchgeführt werden, weil immer noch mehr als 50 Milben im Volk sitzen. Das bedeutet, dass sich im neuen Jahr noch vor der Honigernte im Juli mehr als 3000 Milben im Volk befinden – und das Überleben gefährden.

Säure-Behandlungen dürfen erst nach der Honigernte gemacht werden.

In warmen Wintern, in denen die Bienen manchmal durchbrüten, schneiden wir vor der Behandlung die vorhandenen Brutflächen mit dem Messer aus.

Bei einer Oxalsäure-Träufelbehandlung darf keine zweite Behandlung der Winterbienen erfolgen, weil die Zuckerlösung von den Bienen aufgenommen wird und das Verdauungssystem der Bienen stark schädigt. Das Risiko, dass die Bienenvölker durch eine zweite Behandlung sterben, ist groß. Mit dem Oxalsäure-Sprühverfahren oder der Verdampfung können mehrere Behandlungen erfolgen.

Das Sprühverfahren sollte nur eingesetzt werden, wenn Mittagstemperaturen von 10 °C vorhanden sind. Die Winter der letzten Jahre hatten immer Tage mit Mittagstemperaturen, die eine Sprühbehandlung möglich gemacht haben.

Restentmilbung mit Oxalsäure

Alle drei Verfahren, Träufeln, Sprühen und Verdampfen, haben bei richtiger Anwendung den gleichen Wirkungsgrad von mindestens 95 Prozent.

Wird die Oxalsäure **geträufelt,** so wird sie als 3,5-prozentige zuckerhaltige Lösung appliziert. Das zugelassene Mittel besteht aus zwei Komponenten, Oxalsäuredihydratlösung und Zucker (Saccharose), die direkt vor der Anwendung vermischt werden. Pro Wabengasse werden mithilfe einer Spritze etwa 5 ml auf die Bienen geträufelt. Eine Taschenlampe hilft, den Bienensitz genau zu sehen. Am besten wirkt die die Behandlung bei niedrigen Temperaturen, wenn die Bienen eng in der Traube sitzen.

Die **Sprühmethode** wird mit einer 3-prozentigen Oxalsäure-Lösung (ohne Zucker) durchgeführt. Die gelieferte Oxalsäuredihydrat-Lösung wird nach den Angaben des Herstellers direkt vor der Anwendung mit Wasser verdünnt. Die Lösung kann Mitte bis Ende Dezember bei Temperaturen von etwa 6–11 °C angewendet werden. Bei starkem Bienenflug ist der Wirkungsgrad vermindert. Die Waben werden einzeln gezogen und mit einer Sprühflasche beidseitig mit maximal 5 ml (fünf Stößen) mit einem feinen Sprühnebel überzogen. Die fertig besprühten Rähmchen können jeweils wieder mit dem Wachstuch abgedeckt werden. Anschließend wird das Trennschied wieder fest angelegt. In der Einraumbeute gibt es die elegante Möglichkeit, den Sprüher mit einem längeren Silikonschlauch an den Vorratsbehälter anzuschließen. Man schiebt als Erstes alle Waben in den leeren Bereich der Beute und hängt sie von dort bei gleichzeitigem Besprühen einzeln auf die andere Seite der Beute an ihren ursprünglichen Platz zurück. Nicht vergessen: die Sicherheitsvorkehrungen beachten (siehe gegenüberliegende Seite)!

Bei der **Verdampfungsmethode** wird der Varrox-Verdampfer je nach Volksgröße mit 1 – 2 g Oxalsäure in Form von Tabs oder Pulver, das mit einem Messlöffel exakt dosiert werden kann, beladen und durch das Flugloch unter die Wintertraube geschoben. Nach Verschließen des Flugloches mit Schaumstoff wird der Verdampfer eingeschaltet. Nach kurzer Zeit entweicht der Säuredampf durch die Ritzen der Beute. Nach etwa drei Minuten verschwindet er; die Verdampfung ist beendet. Der Verdampfer wird entfernt und das Flugloch für weitere zehn Minuten wieder mit Schaumstoff verschlossen.

Bei allen Methoden fallen Milben über 14 Tage nach der Behandlung. Erst nach dieser Zeit ist die ermittelte Zahl der Milben zuverlässig. Es ist von Vorteil, alle drei bis fünf Tage zu zählen und die Anzahl zu notieren, weil sonst das Gemüll die Zählung erschwert.

Bitte bei allen Verfahren beachten: Ameisensäure und Oxalsäure sind organische Säuren, die ursprünglich in Ameisen und Pflanzen entdeckt wurden. Als Behandlungsmittel für Bienen werden sie im industriellen Maßstab chemisch hergestellt. Sie sind sehr aggressiv und deshalb sicher aufzubewahren. Bei ihrer Anwendung sollten die Angaben der Hersteller beachtet werden. Gummihandschuhe, eine Brille und einen Mund- und Nasenschutz verwenden. Zur Spülung bzw. Verdünnung bei Unfällen oder auch nur, wenn die Flüssigkeit irgendwo abgewaschen werden muss, weil ein Behälter beim Befüllen übergelaufen ist, sollte beim Umgang mit den Säuren draußen am Bienenstand immer ein Kanister mit Leitungswasser griffbereit sein.

Das Verfahren der Oxalsäure-Verdampfung ist in Österreich und der Schweiz seit vielen Jahren zugelassen. Hierzu wird eine Menge von 2 g Oxalsäuredihydrat (als Pulver oder Tab) über einen Verdampfer bei geschlossenem Flugloch in die Einraumbeute gesteckt. Elektrisch oder mit Gasbrenner werden die Oxalsäurekristalle so stark erhitzt, dass sie verdampfen. Der Dampf zieht durch alle Wabengassen und Räume der Beute. Praktischerweise positioniert man das Verdampfungsgerät unter den Waben, auf denen die Bienen sitzen. In unserer Imkerei Fischermühle wurde dafür ein spezieller Verdampfer (Varrox) entwickelt. Es gibt aber auch andere Geräte auf dem Markt, deren Wirksamkeit unterschiedlich ist.

Immer wieder wird besonders für die Oxalsäure-Verdampfung vor gesundheitlichen Problemen bei der Anwendung gewarnt. Aus den Ländern, die Oxalsäure-Verdampfung zulassen, liegen keine Bedenken gegen diese Art der Behandlung vor. Voraussetzung ist eine sachgerechte Anwendung, wie sie beispielsweise der Beschreibung, die dem Varrox-Verdampfer beiliegt, zu entnehmen ist. Eine Untersuchung am Institut für Arbeits- und Sozialmedizin der Universität Tübingen hat für die Anwender weder durch die Oxalsäure-Sprühbehandlung noch die Oxalsäure-Verdampfung erhöhte Risiken festgestellt.

Biologische Behandlungsmethoden

Wir wollen im Folgenden drei biologische Methoden vorstellen, die von Ralph Büchler und seinen Mitarbeiterinnen und Mitarbeitern im Bieneninstitut Kirchhain entwickelt und detailliert beschrieben wurden. Merkblätter können kostenfrei im Internet heruntergeladen werden (Adresse siehe Seite 171).

Im Unterschied zur Ameisensäure-Methode, die im Juli oder August zur Anwendung kommt, oder dem Oxalsäureverfahren, das erst im brutfreien Zustand, meist Ende November oder Anfang Dezember, durchgeführt wird, sind die drei biologischen Methoden von Mai bis Anfang August einsetzbar. Aus tierethischen Überlegungen beschränkt unser Imkerkollege Michel Colette die Durchführung auf Ende Juni, wenn der Schwarmprozess endgültig abgeschlossen ist. Alle Methoden haben eine Gemeinsamkeit: Sie ahmen nach, was bei jedem Schwarmgeschehen passiert. Die Völker durchleben eine brutfreie Periode.

Komplette Brutentnahme

Dieses Verfahren ist das einfachste von allen dreien und kann auch von Anfängern durchgeführt werden. Alle Bienen werden zusammen mit der Königin in eine leere Einraumbeute mit Rähmchen abgestoßen oder abgefegt und am Platz der alten Beute aufgestellt. Bei guter Fütterung wird dieses nackte Volk rasch das Wabenwerk errichten. Vorsichtige Imkerinnen und Imker behandeln diese Volkseinheit nach etwa sechs Tagen, also bevor die erste Brut verdeckelt ist, mit dem Oxalsäure-Sprühverfahren (siehe Seite 124) und entfernen auf diese Weise die meisten Milben, die auf den Flugbienen ins Volk mitgenommen werden. Später als Mitte Juli sollte die komplette Brutentnahme nicht mehr gemacht werden, weil sonst das Wabenwerk im Naturbau von den Bienen nicht ausreichend groß errichtet werden kann und deshalb zu wenig Winterbienen aufgezogen werden und zu wenig Winterfutter eingelagert werden kann.

Es gibt zwei Möglichkeiten, mit den Waben, die nicht nur voll mit Milben, sondern auch voll mit Brut und Futter sind, umzugehen. Entweder werden sie radikal eingeschmolzen oder man bildet einen Ableger. In diesem Fall belässt man eine Wabe mit den aufsitzenden Bienen in der Beute. Die Zahl ist ausreichend für die Pflege der Brut, zumal in den folgenden Tagen täglich um die 1000 Bienen schlüpfen werden. Weil die meisten dieser Bienen noch nie draußen gewesen sind, werden sie nicht zur alten Königin zurückkehren. In diesem weisellosen Volk werden aus der Arbeiterinnenbrut unverzüglich neue »Nachschaffungs-Königinnen« erbrütet, die nach dem Hochzeitsflug anfangen, Eier zu legen. Die brutfreie Periode ist also auch hier gegeben, und das Volk mit der jungen Königin ist ebenfalls nahezu frei von Varroamilben. In den ersten Tagen, nachdem die junge Königin begonnen hat, Eier zu legen, kann auch hier mit Oxalsäure eine Restentmilbung durchgeführt werden.

Beide Volkseinheiten können oft ohne weitere Behandlung überwintern, wenn genug Futter vorhanden ist. Wir empfehlen jedoch, spätestens im September die Milbenbelastung zu erfassen. Büchler und seine Mitarbeitenden haben festgestellt, dass trotz dieses massiven Eingriffs die Völker bei der Einwinterung genauso groß sind wie Vergleichsvölker, die mit Ameisensäure einer Sommerbehandlung unterzogen wurden.

Für die komplette Brutentnahme werden die Bienen von den Brutwaben gefegt. Die leeren Brutwaben werden nacheinander durch Leerrähmchen ersetzt, auf denen die Bienen neue Waben errichten. Weil das Volk brutfrei ist, können vorhandene Varroamilben erfolgreich mit Oxalsäure bekämpft werden.

Das Bannwabenverfahren

Dieses zeitlich aufwendige und anspruchsvolle Verfahren wird von Mai bis Ende Juni angewendet. Benötigt wird eine Wabentasche, die aus zwei Königinnenabsperrgittern gebaut wird und einer leeren Bannwabe – einer alten, brutfreien Wabe – Platz bietet.

Die Königin wird gesucht, in die Wabentasche gesetzt und ins Volk zurückgehängt. Schnell wird sie von ihren Töchtern gefüttert und gepflegt. Falls die Wabe voll ausgebaut ist, wird ein Loch herausgeschnitten, durch das die Königin nach Belieben die Seite wechseln kann. Bei einer Legerate von 1500 Eiern pro Tag ist die Wabe nach knapp sechs Tagen voll bestiftet, bei 1000 Eiern pro Tag nach acht Tagen. Sie wird, wenn sie voll bestiftet ist, aus der Wabentasche genommen und ins Volk zurückgehängt. In die Tasche wird eine zweite leere Bannwabe eingesetzt und das Prozedere nach weiteren sechs bis acht Tagen nochmals wiederholt. Etwa am 18. Tag wird auch die dritte Wabe aus der Tasche entfernt, die Königin befreit und ins Volk zurückgegeben.

Die im Volk schlüpfenden Milben werden nur auf diesen drei Bannwaben offene Brutzellen finden, die sie besiedeln können. Nach der Verdeckelung aller Zellen oder mindestens bevor die ersten Bienen schlüpfen, werden die Waben aus dem Volk entfernt.

Wie bei der kompletten Brutentnahme werden die Waben entweder eingeschmolzen oder als Sammelableger verwendet. In letzterem Fall wird das neue Volk im brutfreien Zustand wiederum mit Oxalsäure oder Milchsäure entmilbt.

Das Bannwabenvolk wird wie bei der totalen Brutentnahme bei der Einwinterung wieder genauso stark sein wie die Völker, die mit Ameisensäure behandelt worden sind. Der Verlust einer Bienengeneration wird durch eine verstärkte Brut- und Aufzuchttätigkeit und eventuell auch durch eine längere Lebensdauer wettgemacht.

Käfigen der Königin

Bei der letzten Methode wird die Königin für etwa 21 Tage gekäfigt. Dafür wird in der zentralen Brutwabe ein Loch herausgeschnitten und ein spezieller Käfig eingesetzt.

Die Königin wird gesucht, im Käfig eingesperrt und so daran gehindert, Eier zu legen. Das Gitter am Käfig hat dieselbe Lochgröße wie ein Absperrgitter. So können die Bienen ihre Mutter von beiden Seiten her füttern und pflegen. Nach 21 Tagen (oder, wenn es Drohnenbrut gibt, nach 24 Tagen) sind alle Bienen und Milben aus den Brutzellen geschlüpft. Der Käfig wird herausgenommen und die Königin befreit. Das zurückbleibende Loch in der Brutwabe wird rasch wieder ausgebaut.

Jetzt muss das Volk zwingend mit Oxalsäure oder alternativ mit Milchsäure besprüht werden, um alle aufsitzenden Milben zu entfernen. Die fehlende Bienengeneration hat auch hier keine Auswirkung auf die Einwinterungsstärke.

Die gekäfigte Königin kann drei Wochen keine Eier legen. Nach dieser Zeit sind alle Bienen in den Brutzellen geschlüpft. Das Bienenvolk ist brutfrei und kann so jetzt erfolgreich gegen Varroa behandelt werden.

Zukunftsbetrachtung

Wir sind überzeugt, dass die Zukunft den biologischen Behandlungsmethoden gehört, weil die brutschädigende Ameisensäure nicht mehr verwendet werden muss und auch auf Oxalsäure weitgehend verzichtet werden kann. Diese Methoden sind aus zwei Gründen Trittsteine auf dem Weg zu varroatoleranten oder -resistenten Völkern: Erstens helfen sie, die Gesundheit und Vitalität der Bienenvölker zu steigern, weil die beträchtlichen Nebenwirkungen der Ameisensäure und gegebenenfalls auch der Oxalsäure wegfallen. Und zweitens führen sie während der Aufzucht der Winterbienen ab August bis Ende Oktober zu einer relativ großen Belastung der Völker mit Milben – eine wichtige Voraussetzung für die Entwicklung von Toleranz- oder Resistenzverhaltensweisen. Die permanente Auseinandersetzung der Völker mit dem Parasiten, wir haben es bereits erwähnt, ist für die Stärkung der Immunabwehr und für die Ausbildung von Toleranz oder Resistenz unabdingbar. Beide sind das Ziel auf dem Weg, den wir als Imker mit unseren Bienen gemeinsam gehen wollen.

Amerikanische und Europäische Faulbrut

Die Amerikanische Faulbrut ist in Deutschland eine immer wieder auftauchende, anzeigepflichtige Brutkrankheit. Sie wird durch ein lückenhaftes Brutnest und eingesunkene Brutzelldeckel sichtbar. Mit der sogenannten Streichholzprobe zeigt sich eine schmierige, Fäden ziehende Masse in der Zelle; bei stärkerem Befall riecht es unangenehm. Bei Verdacht muss das Veterinäramt oder ein Bienensachverständiger hinzugezogen werden. Mit ihnen wird das weitere Vorgehen abgestimmt. Die befallenen und, je nach Einschätzung des Bienensachverständigen, alle anderen symptomfreien Völker werden über das Kunstschwarmverfahren saniert oder müssen vernichtet werden, der Bienenstand wird gesperrt und um den Stand wird ein Sperrgebiet mit einem Radius von mindestens einem Kilometer errichtet.

In der Schweiz gilt neben der Amerikanischen anders als in Deutschland auch die Europäische Faulbrut, auch Sauerbrut genannt, als meldepflichtige Seuchenkrankheit. Sie zeichnet sich ebenfalls durch ein löchriges Brutnest und bei größerem Befall durch einen typischen sauren Geruch aus. Die Rundmaden in den noch offenen Zellen verfärben sich zu einem stumpfen Gelb und werden später dunkelbraun, verdreht und vertrocknet.

Die beiden Krankheiten sind für Imker, genauso wie für die Kollegen im Sperrgebiet, eine Katastrophe. Für den Imker, weil alle seine Völker auf dem betroffenen Bienenstand bei starkem Befall abgetötet werden. Bewegungen von Völkern sind in das Sperrgebiet hinein oder hinaus untersagt. Wanderimker dürfen ihre Völker nicht bewegen. Wer seine Völkerzahl mit einem Zukauf von Völkern aufstocken möchte, muss warten, bis das Sperrgebiet wieder aufgehoben wird. Nicht selten gibt es deshalb große Spannungen in den befallenen Regionen mit ungerechten Verurteilungen des Kollegen, bei dem die Krankheit nachgewiesen wurde. In den meisten Fällen kann er nichts dafür.

Eine Änderung der bestehenden Praxis würde zur Entspannung beitragen. Völker mit einem geringen Befall an Faulbrut können mit dem Kunstschwarmverfahren saniert werden. Dabei werden die Bienen drei Tage in Kellerhaft gebracht, damit der Honig, der Bakterien und Sporen enthält, vom Honigmagen in den Mitteldarm der Bienen gelangt. Die pathogenen Keime werden über die Kotblase außerhalb der Beute ausgeschieden. Der Kunstschwarm wird auf leere Rähmchen gesetzt, wo sich die Bienen im »Baufieber« gesund schwitzen.

Die Einraumbeute in der Bienenpädagogik

Honigbienen helfen in der Pädagogik, Kindern und Jugendlichen den Platz und die Aufgabe aller Geschöpfe im Naturzusammenhang näherzubringen. Karl von Frisch, einer der renommiertesten Grundlagenforscher über das Verhalten der Bienen, schreibt in seinem Buch »Aus dem Leben der Bienen«: »Wer sich inmitten der wuchernden Technik noch einen offenen Sinn für die Natur bewahrt hat, dem wird die Einsicht in das Leben der Bienen zu einer Quelle der Freude und des Staunens. Für den Imker bildet sie die Grundlage des Erfolges. Dem Lehrer, der die Liebe zur belebten Welt in jugendliche Seelen pflanzen will, bietet sie den schönsten Stoff.« Warum ist dies so? An dieser Stelle vielleicht nur wenige Fakten, die die Besonderheit von Honigbienen unterstreichen und bei denen es lohnt, ihnen im pädagogischen Zusammenhang weiter nachzugehen.

Ein Bienenvolk kann nur gedanklich als Einheit verstanden werden. In der Beobachtung haben wir drei verschiedene Bienenwesen vor uns, die Arbeitsbiene, den Drohn und die Königin. Erst im Ganzen des Bienenvolkes sind sie funktional und sozial miteinander verbunden. Seiner Anlage nach ist ein Bienenvolk unsterblich. Die drei Einzelwesen werden in unterschiedlichen Zeitabschnitten erneuert, damit das ganze Volk immer weiterleben kann.

Die zum Teil weltweiten Krisen des Insekten- und Bienensterbens sind menschengemacht. Dabei sind auch Imkerinnen und Imker, die Bienen im Sinn von Ausbeuten und Honig-Ertragssteigerung in ihren Beuten halten, beteiligt.

Bereits diese wenigen Aspekte zeigen die verschiedenen Möglichkeiten auf, um bei Kindern und Jugendlichen die Liebe zur Natur zu wecken und sie von Bienen lernen zu lassen.

In diesem Kapitel werden wir die Merkmale der Einraumbeute im pädagogischen Zusammenhang besprechen, die einen phänomenologischen Ansatz unterstützen. Es geht hier also nicht um die allgemeingültige imkerliche Betriebsweise, wie sie in den anderen Kapiteln vorgestellt wurde, sondern um ihre Vorteile für die Arbeit mit Kindern und Jugendlichen.

Gerade dort, wo das Erlebnis Bienenvolk im Vordergrund steht, ist die Einraumbeute sehr gut geeignet. Sie steht bereits an vielen Schulen und sogar Kindergärten, wo die Bienen von außen bei ihrer Rückkehr vom Sammeln beobachtet werden können. Unter pädagogischer Anleitung wird von Zeit zu Zeit der Kasten geöffnet und Licht in das Stockdunkel der Bienenwohnung gelassen. Man kann so erleben, wie die vielen Tausend Bienen in ihrer Wohnung zusammenleben und zusammenarbeiten. Schon das Öffnen sollte dabei etwas ganz Besonderes sein. Vielleicht kann durch ein kleines Ritual wie das vorsichtige Anklopfen oder das gemeinsame Sprechen eines kleinen Bienenspruchs angezeigt werden, dass dem Bienenvolk Achtung entgegengebracht wird. Kinder haben ein Gefühl dafür. Auch sie wollen Menschen, zu denen sie keine Beziehung haben, nicht ihr Zimmer zeigen oder die Wohnung, in der sie leben.

Die Bienen sind auf ruhige, gleichmäßige Bewegungen beim Ziehen der Rähmchen angewiesen, und der Besuch eines Volkes soll zeitlich nicht zu lange dauern. Einheitliche Angaben können nicht gemacht werden, weil Bienenvölker unterschiedlich reagieren und auch Stimmungsschwankungen unterworfen sind. Erfahrene Bienenpädagogen erkennen den Zeitpunkt, an dem die Bienen unruhig werden, daran, dass sie aus den Wabengassen auf die Oberträger der Rähmchen steigen. Dieser Zusammenhang kann den Kindern vor dem Öffnen erklärt werden, weil sie selbst genau wissen, dass auch sie unterschiedlich gelaunt sein können, je nachdem, mit welchem Fuß sie morgens zuerst aufgestanden sind. Wenn die Gruppe also mit der Frage: »Wie geht es unseren Bienen denn heute?« den Kasten öffnet, ist die Aufmerksamkeit auch auf diese Tatsache gerichtet, und die Kinder bekommen selbst immer mehr Sicherheit. Mit der Zeit können sie sogar bemerken, dass die Bienen unterschiedlich auf den Menschen reagieren, der mit ihnen umgeht. Bestimmte Kinder und die Bienen gehen leicht aufeinander zu, während es andere nicht so einfach miteinander haben. Da darf nichts erzwungen werden. Auch kleine Beobachter, die lieber etwas abseits stehen, sehen sehr viel und bekommen einen guten Eindruck von dem Ganzen. Bei Sonnenschein bzw. warmem Flugwetter und wenn das Bienenvolk alleine steht, kann es durchaus zehn Minuten lang oder gar länger geöffnet werden. Erfahrene Bienenpädagoginnen und -pädagogen haben ein Gefühl, wie die aktuelle Stimmung bei den Bienen ist, und richten sich danach, wenn sie die Einraumbeute öffnen.

Das Aufstellen der Einraumbeute

Bienen können ohne Probleme am Rand des Schulgrundstücks oder der Freispielfläche eines Kindergartens aufgestellt werden. Die Ausrichtung des Fluglochs sollte so sein, dass die Bienen aus dem Grundstück hinausfliegen. Wenn möglich, nach Osten oder Südosten. Für Fluglochbeobachtungen sollte links und rechts neben dem Bienenkasten Platz sein, wo sich Kinder auch einmal hinstellen können. Schon allein durch Fluglochbeobachtungen ergeben sich ganz viele interessante Fragen, beispielsweise zu den wechselnden Farben der Pollenhöschen, die von den Bienen an unterschiedlichen Tagen oder manchmal auch zu unterschiedlichen Tageszeiten in den Bienenstock hineingetragen werden.

Bei der Aufstellung ist es auch gut, darauf zu achten, dass die Bienen im Sommer nicht der prallen Mittagssonne ausgesetzt sind. Sie müssen sonst zur Kühlung viel Wasser holen und sind deswegen gelegentlich etwas gestresst und nicht so gut auf uns Menschen zu sprechen. Unter einem Baum mit ausreichend Schatten kann die Morgensonne trotzdem ans Flugloch scheinen und die Bienen hinaus in die blühende Natur locken.

Die Einraumbeute sollte so auf einem Sockel aus Holz oder Steinen aufgestellt werden, dass die Kinder je nach Altersgruppe einen Blick auf die Waben bzw. Rähmchen werfen können, ohne dass sie herausgezogen werden müssen.

Gleich nach dem Öffnen der Beute erscheinen schon die ersten Bienen, die den Kindern in die Augen sehen und umgekehrt. Obwohl Insekten so ganz anders sind als Säugetiere, sind sie trotzdem auch für Kinder sehr interessant. Weil bei der Einraumbeute im Gegensatz zu anderen Bienenkästen für die Honigernte keine zusätzlichen Stockwerke und Kästen oben aufgesetzt werden, bleibt der Kasten in seiner Größe immer unverändert und wird zum festen und gewohnten Bestandteil im Freigelände der Schule oder des Kindergartens.

Die Vorbereitung auf die Ankunft der Bienen kann durch das gemeinsame Bemalen der Holzflächen von der Einraumbeute mit Wachsmalkreiden geschehen. Schön und ansprechend sind sie für die Kinder und andere Besucher eine Freude. Die Farben helfen den Bienen auch bei der Orientierung und beim Erkennen ihres eigenen Zuhauses. Sie können nämlich Farben sehen und Formen unterscheiden.

Bei der Aufstellung von Bienenvölkern in der Schule oder im Kindergarten kann es passieren, dass ein Kind gestochen wird. Selten gibt es Kinder, die allergisch auf einen Stich reagieren. Ob eine Allergie besteht, muss bei den Eltern erfragt werden, um im Notfall rasch reagieren zu können. In der Bienenpädagogik kennt man in solchen Fällen unterschiedliche Maßnahmen – vom Trösten, Betupfen des Stiches mit einer aufgeschnittenen Zwiebel, einem zerkauten Blatt vom Spitzwegerich oder Apis Globuli bis zu den Medikamenten bei Bienengiftallergie.

Der Besuch mit Schülerinnen und Schülern beim Imker und seinen Bienen ist wie derjenige bei anderen Handwerkern im Schulrecht geregelt. Ähnliches gilt in Kindergärten. Dabei geht es um die Aufsichtspflicht und anderes, die Pädagogen kennen dies. Vor einem Besuch am Bienenstand oder der Vorstellung der Mitarbeit in der Schulbienen-AG im Klassenzimmer ist es wichtig, auf einem Elternabend den pädagogischen Wert darzustellen. Dabei ist es notwendig, dass die Möglichkeit, im Ausnahmefall gestochen zu werden, proaktiv angesprochen wird. Die Bedenken der Eltern müssen ernst genommen werden, aber gleichzeitig muss die Lehrkraft auch deutlich machen, dass sie mit einer solchen Problemsituation souverän umgehen kann. Seine stechlustigen Völker kennt der Imker und wird sie nicht öffnen. Bienen-

Mit dem Bemalen der Einraumbeute können sich die Kinder auf den baldigen Einzug der Bienen vorbereiten. Farben und Formen helfen den Bienen später bei der Orientierung.

völker, die geöffnet werden, können zwar stechen, sie tun es aber nur, wenn sie sich nachvollziehbar gestört fühlen. Vielleicht ist es manchmal eine gute Erfahrung, dass, wer am Flugloch einzelne Bienen ärgern will, den Stachel zu spüren bekommt.

Eine lokale Schwellung nach einem Stich ist noch lange keine Allergie. Erst wenn jemand beispielsweise mit Übelkeit, Erbrechen, Juckreiz oder gar Atemnot reagiert, liegt eine solche vor. Betroffene wissen das in der Regel und halten Medikamente bereit, die in einem solchen Notfall sofort helfen, bis eine ärztliche Behandlung erfolgt. Kein Kind kommt dermaßen in Gefahr, dass es eine Berechtigung gibt, Bienenerlebnisse aus der Pädagogik zu verbannen. Zu speziellen Fragen möchten wir hier auf das Handbuch »Bienen machen Schule« (siehe Literaturhinweis aus Seite 170) verweisen. Darüber hinaus gibt es innerhalb von Mellifera e. V. ein Netzwerk von aktiven Bienenpädagoginnen und -pädagogen, die gerne weiterhelfen, sowie eine berufsbegleitende Ausbildung für diese wertvolle Arbeit.

Das Öffnen des Bienenstocks

Weil normalerweise unter dem Deckel sofort zu sehen ist, was in einer Kiste steckt, sollten beim Öffnen eines Bienenvolkes die verschiedenen Schichten über den Waben in ihrer Funktion erklärt werden. Die Abdeckung der Einraumbeute besteht aus drei Schichten. Außen werden Regen, Schnee und Wind durch den wetterfesten Deckel abgehalten. Darunter liegen die Wärmedämmplatte und darunter das Bienenwachstuch. Bienenwachs wird auch bei uns auf Holzböden und Möbeln als atmungsaktiver, ökologischer Schutz eingesetzt, vielleicht ist das einigen Kindern und Jugendlichen vertraut. Das Wachstuch ist aus Sicht der Bienen der Abschluss ihrer Wohnung nach oben, also die Wohnungsdecke. Vor dem Wegziehen des Wachstuches können die Schüler über dem Brutbereich einmal den Handrücken auf das Wachstuch legen. Es herrscht dort eine Temperatur, die oft über der unserer Hand liegt und sich wohlig warm anfühlt. Das ist ein Erlebnis, das bei Insekten erst mal gar nicht erwartet wird.

Noch vor dem ersten Sichtkontakt gibt es zudem Dufterlebnisse, wenn das Wachstuch langsam hochgezogen wird. Auch wenn die Kinder visuell orientiert sind und gleich Bienen sehen wollen, sollten wir den Bienenstockduft nicht unbemerkt an ihnen vorbeiziehen lassen.

Gegen Mittsommer, wenn das Bienenvolk am meisten

Arbeitsbienen und Drohnen hat, finden alle Rähmchen in der Einraumbeute nebeneinander Platz. Fluglochnah befindet sich das Brutnest, fluglochfern der Honig. Durch diese Anordnung lassen sich ganz einfach nur bestimmte Bereiche der Einraumbeute öffnen und einzelne Waben ziehen, auf denen wir zeigen können, was gerade geschieht. Der andere Teil bleibt mit dem Wachstuch bedeckt, die Bienen gehen dort ungestört ihren Aufgaben nach. Dadurch bleibt das ganze Volk insgesamt in Ruhe, selbst in dem Bereich, der geöffnet wird.

Im Brutnest können wir neben den vielen Bienen manchmal die Königin, stets die Eier, die Stifte, ganz kleine Maden in ihrem Futtersaft schwimmend oder schon ganz fette Maden sehen. An anderen Stellen verwandeln sich unter luftdurchlässigen Wachsdeckeln Puppen in fertige Arbeitsbienen oder Drohnen. Oft können wir beobachten, wie sich eine schlüpfende Biene durch den Wachsdeckel hindurchnagt, durch die Öffnung auf die Wabe hinausschlüpft und gleich von ihren Schwestern begrüßt wird. Schnell taucht sie in das Gewusel ein und entschwindet unserem Blick. Oberhalb, wie von einer runden Kappe umgeben, schließt sich an das Brutnest die farbige Welt der Pollenzellen an. Je bunter diese Zellen sind, umso vielfältiger ist der Blütenreichtum, von dem die Pollen stammen. So wie wir dankbar von dem täglichen Brot sprechen, so sprechen Imkerinnen und Imker von den farbigen Pollenzellen als dem Bienenbrot. Darüber wird auf den Brutwaben auch noch ein schmaler Streifen Honig eingelagert, der von den Bienen bereits verdeckelt worden ist. Der reife Honig bleibt in den verschlossenen Zellen nicht nur über den Sommer, sondern auch den ganzen Winter über haltbar.

Im Gegensatz zu den Wachsdeckeln über der Brut sind die Wachsdeckel über dem Honig luftundurchlässig. An der Struktur lassen sich beide Arten der Deckel gut unterscheiden. Die Honigkränze über der Brut sorgen dafür, dass auch in einer Schlechtwetterperiode oder einem sehr trockenen, nektarlosen Sommer das Bienenvolk nicht verhungert. All das können die Kinder und Jugendlichen erleben.

Wir können jetzt diesen Teil des Kastens wieder mit dem Wachstuch abdecken, um anschließend den anderen Teil, den Honigbereich zu öffnen. So können die Ammenbienen im Brutbereich wieder ungestört der Brutpflege mit Füttern und Wärmen nachgehen. Vorsichtig ziehen wir jetzt das Wachstuch auf der fluglochfernen Seite auf. Im Honigbereich sind die schwersten

Waben im Bienenvolk zu finden, wenn sie großflächig mit verdeckeltem Honig gefüllt sind. Wenn Kinder mit der Wabe in der Hand das Gewicht gespürt haben, sind sie tief beeindruckt vom Fleiß der kleinen Bienen, die ihn gesammelt haben. Zumal wenn sie erfahren, dass jede von ihnen maximal 50 Milligramm Nektar pro Sammelflug heimbringen kann. Auf diesen Waben sind kaum Bienen zu finden, weil es im Sommer hier nichts mehr zu tun gibt.

Köstlich schmeckt der ganz frische Honig aus einer Wabe, wenn er mit dem Finger durch die Zelldeckel hindurch herausgedrückt und dann vom Finger abgeschleckt wird. Interessant ist auch, dass Honig aus verschiedenen Waben desselben Volkes unterschiedlich schmecken kann. Das Warum kann mit den Kindern besprochen werden.

Die Ernte des Honigs

Honig ist *das* Bienenprodukt schlechthin, und es ist schön, ihn mit den Kindern zu ernten. Je nach Standort sammeln die Bienen so viel Honig, dass auch schon im Sommer klar ist, dass sie mehr in der Beute haben, als es zur Überwinterung nötig ist. In diesem Falle dürfen Honigwaben entnommen und Leerrähmchen, Mittelwandwaben oder Leerwaben ins Volk zurückgegeben werden, um Platz für den kommenden Nektar zu schaffen. Wenn die Bienen auf ihren gesammelten Vorräten überwintern dürfen, können wir im Frühjahr, wenn die Blüten wieder genug Nektar schenken, die überzähligen Honigwaben herausnehmen und schleudern. Es ist richtig, mit den Kindern das Thema Honigentnahme und notwendige Menge für die Überwinterung auch von einem tierethischen Gesichtspunkt aus zu besprechen, denn sie haben ein Gefühl dafür, was das Wegnehmen der Nahrungsgrundlage, die so mühselig gesammelt wurde, für die Bienen bedeuten kann.

Für den Transport der Waben zur Schleuder empfiehlt sich ein leichter Wabentransportkasten, der gut mit einer Schubkarre transportiert werden kann. Mehr zur Honigernte auf Seite 147.

Mit den Kindern den Honig schleudern

Das Entdeckeln der Honigwaben und das Schleudern ist für Kinder aller Altersstufen ein besonderes Erlebnis. Nach einer guten Einführung sind sie in der Lage, mit einer Entdeckelungs-Gabel die Wachsdeckel über dem Honig zu entfernen. Sie werden verstehen, dass dieses Wachs am saubersten ist, weil es frisch geschwitzt mit keinen Fremdsubstanzen belastet ist. Sie dürfen dieses Wachs in einem Gefäß in die Beute zurückstellen, wo die Bienen die Honigreste wieder ins Volk zurücktragen.

Die Kinder lernen eifrig die sorgfältige Bedienung der Handschleuder. Um Wabenbruch zu vermeiden, wird am Anfang nur langsam gedreht; danach werden die Waben gewendet und es wird ein zweites Mal langsam gedreht. Wenn ein Großteil des Honigs herausgespritzt ist, dürfen sie die Waben schnell und schneller schleudern (siehe Abbildungen Seiten 100 und 101).

Zwischendurch wird das »flüssige Gold« über das Honigdoppelsieb in Eimer abgefüllt. Jetzt dürfen sie den frisch geschleuderten Honig probieren.

Pflege und Füttern des Bienenvolks

Wie wir gesehen haben, können Bienenvölker in der Einraumbeute individuell und einfach mit einzelnen Rähmchen erweitert werden. Es ist anregend, mit den Kindern vorab die Gründe für die Erweiterung zu besprechen und gemeinsam abzuschätzen, ob die Bienen aufgrund der Entwicklung und den Erwartungen in den folgenden Wochen noch weitere Rähmchen brauchen. Die richtige Einschätzung ist anspruchsvoll, wie sich oft erst im Rückblick bei der nächsten Durchsicht zeigt.

Wenn zu viel Honig entnommen wurde oder wenn das Gesammelte für die erfolgreiche Überwinterung nicht ausreicht, muss das Bienenvolk mit Zuckerwasser gefüttert werden. In der Einraumbeute ist das Füttern einfach und kann von den Kindern und Jugendlichen leicht ausgeführt werden. Auch beim Mischen des Futtersirups können bereits kleine Kinder mitwirken (Rezept des Futtersirups auf Seite 74).

In den leeren Raum, der durch das Einengen der Bienen auf zehn bis zwölf Rähmchen entstanden ist, kann hinter dem Schied ein kleiner Eimer mit Stroh gestellt werden. Es verhindert, dass die Bienen ertrinken. Er wird anschließend mit dem Futtersirup nahezu vollgegossen. Die Bienen finden den Eimer und tragen das Futter unter dem Schied hindurch zurück in die Waben und den Bienensitz.

Beim Füttern darf die Einraumbeute nur sehr kurz geöffnet werden, damit keine fremden Bienen eindringen und räubern. Je nach Alter der Kinder darf das Aufstellen des Eimers auch nur von einem Erwachsenen durchgeführt werden. Ähnliches gilt für das Tragen schwerer Futtermengen. Wird neben den Beuten Futter auf den Boden gekleckert, provoziert dies die Räuberei. Ab der vierten Klasse kann man das Phänomen der Räuberei mit den Kindern besprechen. Ein erfahrener Bienenveterinär sagt zur Räuberei: »Im Spätsommer klopfen sich Bienenvölker gegenseitig auf Vitalität ab.« Dieses Verhalten gehört somit auch zu den Selektionskriterien der Natur für gesunde Bienenvölker, vorausgesetzt dass nicht elementare Fehler wie z. B. das Verschütten von Zuckerlösung oder zu langes Öffnen des Kastens vorausgegangen sind.

Varroabehandlung der Schulbienenvölker

Die Behandlung der Bienenvölker mit den organischen Säuren ist wegen der vielen emotionalen Bindungen der Kinder in der Schule und im Kindergarten schwierig für alle. Trotzdem ist es notwendig, sie durchzuführen, um das Sterben der Völker möglichst zu verhindern. Bei Schülerinnen und Schülern bis zum Ende der Mittelstufe sollten Erwachsene die Bienenvölker in Abwesenheit der Kinder und Jugendlichen behandeln oder gegebenenfalls auch abräumen, wenn ein Bienenvolk gestorben ist. Ameisensäure und Oxalsäure sind zudem nicht ungefährlich, und im Umgang mit ihnen müssen Sicherheitsvorschriften beachtet werden, die in der Regel für Erwachsene und nicht für Kinder gedacht und formuliert sind. Die Chemikalien müssen außerhalb der Reichweite von Kindern sicher aufbewahrt werden. Mit älteren Jahrgängen kann die Notwendigkeit einer Varroabehandlung besprochen werden. Jugendliche können nachvollziehen, warum dadurch das Bienenvolk am Leben erhalten wird, auch wenn die Bienen zeigen, dass die Behandlung eine Zumutung ist. Die Varroabehandlung als Spätsommerbehandlung ist mit dem Nassenheider Verdunster, der in ein Rähmchen eingebaut wird, einfach durchzuführen (siehe dazu Seite 120). Dasselbe gilt für alle Winterbehandlungen mit Oxalsäure.

Abschließend hoffen wir, dass die einfache imkerliche Praxis viele Pädagoginnen und Pädagogen von der Einraumbeute überzeugt, um Kinder und Jugendliche die Bienen ohne große Störung erleben zu lassen.

Die Vorteile für die Bienenpädagogik auf einen Blick

Die Einraumbeute ist ideal, um bei Kindern und Jugendlichen Freude und Verständnis für die Bienen zu wecken:

- Das Wachstuch erlaubt, die Wärme des Brutnestes zu erspüren.
- Beim Zurückziehen des Tuchs entfaltet sich der Stockduft – für alle riechbar.
- Die Annäherung an das Brutnest geschieht langsam; die Bienen sind kaum gestresst.
- Die Honigwaben können ohne Störung des Volkes einzeln entnommen werden.

Die Bienenprodukte

Honigbienen wird bis heute auch deshalb so viel Sympathie entgegengebracht, weil sie als Meisterinnen der Verwandlung angesehen werden. Aus dem leicht vergänglichen Nektar, den sie von vielen Blüten mit ihrem sprichwörtlichen Bienenfleiß sammeln, machen sie etwas Neues: den süßen, fast unendlich lange haltbaren Honig. Elemente der Verwandlung sind in allen Bienenprodukten zu finden. Aus Knospenharz erzeugen die Bienen Propolis, aus Blütenpollen machen sie Bienenbrot. Und Bienenwachs, Bienengift und Gelée royale sind Sekrete, die die Bienen ganz aus ihrem Körper produzieren. In allen Bienenprodukten finden sich die Qualitäten des Umarbeitens und Aufwertens wieder.

Alle Bienenprodukte können als Heilmittel angesehen werden und kommen teilweise noch heute als solche direkt zur Anwendung oder sind neben anderen Wirkstoffen in Heilmitteln und Kosmetika enthalten. Apitherapie ist ein wichtiger Bereich in der Komplementärmedizin, in dem die Bienenprodukte und sogar die Bienenstockluft medizinisch bzw. therapeutisch zur Anwendung kommen. Das gilt bis heute, auch wenn man annehmen muss, dass Bienenprodukte oft durch Chemikalien aus der konventionellen Landwirtschaft und aus der übrigen Umwelt, aber auch durch imkerliche Maßnahmen wie die chemischen Varroabekämpfungsmittel verunreinigt sind.

Für weitestgehend rückstandsfreie Produkte müssen wir also besonders darauf achten, in welcher Umgebung unsere Völker leben und sammeln und welche Mittel oder biologischen Maßnahmen wir als Imker einsetzen, wenn sie durch Varroamilben geschädigt werden. Sehr viele Freizeitimkerinnen und -imker achten auf diese Zusammenhänge heute sehr genau.

Mit einer größeren Anzahl von Bienenvölkern und zu erntenden Bienenprodukten fühlen sich auch viele Erwerbsimkerinnen und -imker den Kriterien des Tierwohls und möglichst rückstandsfreier Produkte verpflichtet und schließen sich oft einem Ökoverband wie beispielsweise dem Demeterbund an. Über den Verband, dessen Logo auf der Verpackung abgedruckt ist, können Verbraucher Informationen zu den Richtlinien der Bienenhaltung einholen. Bei Bienenprodukten, die ein Öko-Verbandssiegel tragen, können sie sicher sein, dass der Betrieb regelmäßigen Kontrollen, nicht nur zum Umgang mit ihren Bienen, sondern auch der Bienenprodukte, unterliegt, und dadurch beim Kauf eine weitestgehende Sicherheit für das Bienenprodukt gegeben ist.

Die Einraumbeute wurde nicht entwickelt, um vorrangig möglichst große Mengen Honig oder andere Bienenprodukte zu ernten. Wie bei der Produktion von Lebensmitteln auch, geht es bei der »Ernte« um das richtige Maß, vielleicht auch um den Verzicht auf machbare Höchsterträge. Mit diesem Bienenkasten ist sicher ein guter Kompromiss zwischen dem Tierwohl und der Ernte der wertvollen Bienenprodukte möglich. Man kann aus der Einraumbeute auf jeden Fall genügend Honig ernten, um die eigene Familie zu versorgen. Man kann aber auch ganz extensiv mit ihr arbeiten und erst im folgenden Frühling, wenn die Bienen sich selbst wieder mit frischem Nektar und Pollen versorgen können, prüfen, wie viel von den Wintervorräten noch übrig geblieben ist. Sie dürfen wir dann ohne negative Folgen für das Volk entnehmen.

Köstlicher Honig

Hierzulande wird durchschnittlich mehr als ein Kilogramm Honig pro Kopf und Jahr konsumiert. Der Selbstversorgungsgrad mit Honig liegt aber nur bei etwa 30 Prozent, das heißt, der überwiegende Teil wird importiert.

Honig wird von den Bienen als Nahrungsmittel gesammelt, das von einem Volk in großen Mengen verbraucht wird, um all die Aktivitäten, vom Wärmen und Füttern der Brut, den Wabenbau und die vielen Sammelflüge durchführen zu können. Wissenschaftler schätzen, dass wir Imker 70 Prozent des gesammelten Nektars nicht zu Gesicht bekommen, weil dieser von den Bienen gleich verstoffwechselt wird. Umso wertvoller erscheint so der Honig, den wir in den Waben eingelagert sehen. Er ist von den Bienen als ihr eigenes Winterfutter vorgesehen, um die Zeit von Dezember bis Anfang März, in der nur ganz wenig oder gar nicht gesammelt werden kann, zu überbrücken. Entnehmen wir den Honig vor dem Winter, müssen wir sofort für Ersatz sorgen.

Immer wieder fragen uns Imker und Imkerinnen, die ihre Bienenvölker auf deren eigenem Honig überwintern wollen, ob es denn ohne Fütterung gehe. Unsere Antwort ist kurz und bündig: »Ja, das hat in den letzten 50 Millionen Jahren die meiste Zeit ganz gut funktioniert.« Zu beachten ist aber, dass es heute in manchen Gebieten besonders bei fehlender Sommer- und Spätsommertracht nicht sicher ist, ob die Bienen genügend Jahresvorräte ansammeln können. Dann muss selbst ohne Honigentnahme zugefüttert werden.

Wir erinnern, dass im Naturzusammenhang schon der erste Frühjahrsblütenhonig, wenn er unter Wachsdeckeln in den Zellen fertig eingelagert ist, als Winterfutter für das Bienenvolk dient. Danach folgen Sommerblütenhonig und anschließend in einigen Gegenden noch Waldhonig. Wegen der großen Wabenfläche kann aus der Einraumbeute kaum Sortenhonig geerntet werden – z. B. von der Rapsblüte oder den Kornblumen –, der nach der Honig-Verordnung vollständig oder überwiegend den genannten Blüten oder Pflanzen entstammen und die entsprechenden organoleptischen, physikalisch-chemischen und mikroskopischen Merkmale aufweisen muss. Das ist auf den großen Waben, in denen unter idealen Bedingungen über drei Kilogramm Honig eingelagert werden, in der Regel nicht der Fall.

Weil Waldhonig wegen seines hohen Mineralstoffanteils die Kotblase der Bienen belastet, ist er für die Überwinterung wenig geeignet. Deshalb empfiehlt das Schweizerische Bienenforschungsinstitut, maximal 30 Prozent Waldhonig als Winterfutter in den Beuten zu lassen. Wenn Imker ihre Bienen auf Honig überwintern lassen wollen, sollten sie verdeckelte Waben mit Blütenhonig dafür verwenden und diese nach der Entnahme des Waldhonigs ihren Völkern als Winterfutter zuhängen. Die Vorratswaben sollten vorher möglichst kühl, trocken und dunkel gelagert werden. Auch das Einfrieren in einer Gefriertruhe funktioniert.

Honig kann auch ohne Schleuder geerntet werden. Naturbauwaben mit Honig können sehr gut in Stücke geschnitten und als Wabenhonig gegessen werden. Beim Kauen trennen sich Honig und Wachs. Er bleibt also bis zum Verzehr in der Originalverpackung der Bienen. Das Wachs kann nach dem Durchkauen ausgespuckt werden.

Honigwaben können auch mit einem Messer aus den Rähmchen geschnitten, grob zerteilt und dann mit einem kräftigen Holzlöffel verrührt und über Nacht durch ein Seihtuch aus dem Imkerfachhandel in einen großen Eimer oder Topf abgetropft werden. Das Wachs kann im Anschluss in einem Eimer den Bienen zum Auslecken in die Beute gestellt und danach eingeschmolzen werden. Im Tropfhonig gibt es mehr Pollenanteile als im geschleuderten, die ihm eine ganz besondere Note verleihen.

Geschleuderter Honig fließt zunächst in ein Doppelsieb. Die feinen Wachsreste werden entfernt und der Honig tropft durch das Sieb in den Honigeimer.

Honig ernten

Für die Honigernte können die Waben der Einraumbeute in jeder Schleuder für Dadant-Honigwaben geschleudert werden, die bei den meisten Händlern für Imkereibedarf zu kaufen sind. Es ist vor allem wichtig, dass die Schleuder einen ausreichend großen Wabenkorb hat. Trotz der Pilzkopf-Nägel, die als Abstandshalter auf den Rähmchen befestigt sind, sollten die Waben mit ihrer gesamten Fläche aufliegen, sonst können sich die Waben grob verbiegen oder gar brechen. Aus diesem Grund ist für den sehr empfindlichen Naturwabenbau auch eher eine Tangential- als eine Radialschleuder zu empfehlen. Bei der letzteren wirkt die Zentrifugalkraft der vollen Wabe auf den Rand, bei der Tangentialschleuder verteilt sie sich auf die gesamte Wabenfläche. Wer wegen der Größe des Wabenkorbs auf Nummer sicher gehen will, nimmt beim Kauf einer Schleuder ein Rähmchen mit.

Die großen Wabenflächen des Rähmchens erfordern eine Stabilisierung beispielsweise mit Edelstahldraht. Bei gedrahteten Waben, die vielleicht auch schon mal bebrütet worden sind, ist die Stabilität beim Schleudern besser als bei frisch gebauten Jungfernwaben. Die Drehgeschwindigkeit muss langsam angepasst werden, damit die Waben durch die Druckkräfte nicht zerstört werden. Anfängliches langsames und mehrmaliges Wenden der Waben im Korb hilft ebenfalls, Wabenbruch zu vermeiden.

Aus der Schleuder wird der Honig durch ein Doppelsieb (Grob- und Feinsieb) in einen Eimer abgefüllt. Er sollte aus Edelstahl oder aus lebensmittelechtem Kunststoff bestehen (mehr dazu auf Seite 100 und 101).

Für einen möglichst cremigen Honig entfernen wir, solange er flüssig und durchsichtig ist, mit einem großen Löffel oder einem Lebensmittelspachtel den Schaum von der Oberfläche. Imker sprechen vom Abschäumen.

Mit dem Rühren wird begonnen, sobald der Honig anfängt zu kristallisieren. Er wird dabei etwas milchig. Das Rühren erfolgt drei bis fünf Mal täglich über zehn Minuten während fünf Tagen. Es gibt verschiedene manuell oder elektrisch betriebene Rührstäbe zu kaufen. Aber Achtung, manche Honige werden sehr schnell fest und lassen sich gegebenenfalls nicht mehr aus dem Eimer in Gläser abfüllen! Das Abfüllen muss also in jedem Fall erfolgen, bevor der Honig vollständig auskristallisiert ist.

Bienenwachs schmelzen

Nach der Honigernte kann das verbliebene Wachs ebenfalls genutzt werden. Rähmchen mit Waben, Wachsstücke oder Entdeckelungswachs von Honigwaben werden am einfachsten in einen Sonnen-Wachsschmelzer gelegt, in dem das Bienenwachs unter einer Glasscheibe zum Schmelzen gebracht wird und durch ein Reinigungsgitter in ein Edelstahlgefäß fließt. Alle handelsüblichen Sonnen-Wachsschmelzer fassen mindestens zwei bis drei Einraumbeute-Rähmchen. Auch hier ist es sinnvoll, beim Kauf ein Rähmchen als Muster zum Imkerfachhandel mitzunehmen.

Der Trester aus Rückständen von Puppenhäuten der Bienenbrut bleibt an dem Gitter hängen. Das auf diese Weise gewonnene Bienenwachs wird im Anschluss noch einmal im Wasserbad verflüssigt und durch ein Tuch nachgereinigt, um den Ansprüchen für eine homogene Salbengrundlage oder für Bienenwachskerzen zu genügen. Den eigenen Bienenvölkern kann es als Mittelwand, Mittelwandstreifen oder als Abdeckung durch selbst gefertigte Bienenwachstücher noch einmal dienlich sein. Heute gibt es eine Reihe von Herstellern, die Wachs auch in geringen Mengen zu Mittelwänden umarbeiten.

Nach einmaliger Nutzung als Mittelwand ist es ratsam, Bienenwachs aus dem Kreislauf für die Bienen herauszunehmen. In ihm reichern sich Chemikalien von Spritzmitteln aus der industriellen Landwirtschaft und den chemischen Varroabekämpfungsmitteln an, die für eine medizinische oder kosmetische Anwendung, ebenso wie für die Verwendung als Bienenwachskerzen, problematisch werden können.

Bienenwachs und Waben

Bienenwachs ist ein Naturprodukt, das von den Bienen in paarigen Drüsen an der Unterseite ihres Hinterleibes ausgeschwitzt wird. Es ist plastisch, weich und härtet schnell zu Wachsschüppchen aus. Die kleinen Schuppen sind klar, durchscheinend mit weißen Kanten ähnlich einem Bergkristall. Mit einer Lupe kann man einzelne Wachsschüppchen auf dem Boden des Bienenstocks sehen, wenn sie beim Bau der Waben herunterfallen. Viele Bienen sind als Wachslieferanten und »Wabenbautrupp« notwendig, damit schöne weiße, frische Waben entstehen können. Erst durch die Nutzung durch die Bienen als Kinderstube, als Vorratskammer und als Tanzboden werden sie gelb, braun und schließlich fast schwarz. Sehr treffend ist die Beschreibung, mit der der Bienenwissenschaftler Jürgen Tautz das Kapitel Wabenbau in seinem Buch »Phänomen Honigbiene« zusammengefasst hat: »Eigenschaften der Waben sind integraler Bestandteil des Superorganismus und tragen damit zur Soziophysiologie des Bienenvolkes bei.« Die Waben eines Volkes tragen das gesamte soziale Miteinander der Bienen über Jahre hinweg.

Bienenwachskerzen waren über Jahrhunderte hinweg neben Öllampen und offenem Feuer alternativlos die einzigen Lichtquellen. Besonders im kirchlichen, religiösen Zusammenhang wurden große Mengen davon gebraucht. Heute sind die größten Interessenten an Bienenwachs kosmetische und pharmazeutische Unternehmen. Sie setzen es in Cremes, Lotionen und Lippenstiften bzw. für Wärmeauflagen und Grundstoffe für Salben ein, die auch andere Inhaltsstoffe wie Propolis und Pollen enthalten. Bienenwachs ist für unsere Haut sehr gut verträglich, macht sie geschmeidig und gibt ihr einen äußeren Schutz. Es darf, wenn es von den Bienen nicht mehr gebraucht wird, ohne Bedenken geerntet werden.

Wertvoller Blütenpollen

Untersuchungen des Bieneninstituts in Liebefeld, Schweiz, zeigen, dass nur gut mit Pollen versorgte Bienen wiederum gesunde, langlebige Bienen aufziehen können. Ammenbienen müssen also genügend vielfältigen Pollen zur Verfügung haben, um nahrhaften Futtersaft für die Versorgung der Brut und der Königin zu produzieren. Blütenpollen enthalten neben antibiotisch wirkenden Inhaltsstoffen Kohlenhydrate, Eiweiß, Fette, Vitamine und Mineralstoffe. Eine Vielzahl dieser Stoffe schützt sowohl die Bienen als auch uns Menschen vor Krankheiten. Damit sind Blütenpollen ein sehr wertvolles Naturprodukt. Pollen kann Menschen, die an Pollenallergie leiden, bei der Desensibilisierung helfen. Sie wird am besten mit Pollen durchgeführt, der von der heimischen Pflanzenwelt stammt. Pollen muss sorgfältig gereinigt und getrocknet werden. Vor dem Genuss wird er mehrere Stunden in Wasser, Milch oder Joghurt eingeweicht, weil er sonst kaum verdaut werden kann.

Nahrhaftes Bienenbrot: Verschiedene Farben zeigen die gute, vielfältige Versorgung der Bienen mit Pollen, die in den Zellen eingelagert sind, an.

Pollen ernten

Pollen kann achtsam und sorgfältig geerntet werden. Dafür gibt es verschiedene Möglichkeiten.

Meistens werden vor die Fluglöcher sogenannte **Pollenfallen** gehängt. Sie zwingen die Bienen, durch ein Lochgitter zu krabbeln, um in ihren Bienenstock zu gelangen. Der Durchmesser der Löcher ist so bemessen, dass die gesammelten Pollenhöschen abgestreift werden und durch ein Gitter in eine Schublade herunterfallen.

Eine bescheidene Pollenversorgung ist den Bienen dennoch möglich, weil es einige von ihnen immer wieder schaffen, durch die Löcher zu kriechen, ohne die Pollenhöschen zu verlieren. Die Falle wird jeden Tag geleert und nicht länger als drei Tage eingesetzt. Danach können sich die Völker erholen. Einige Tage später darf wieder Pollen geerntet werden.

Mit einem sogenannten **Pollenheber** kann man den eingelagerten Pollen, das sogenannte Bienenbrot, aus den Zellen herausnehmen. Diese mühselige Arbeit erfordert Geduld. Es lohnt sich eigentlich nur für den Eigenbedarf der Imkerfamilie, denn bezahlen lässt sich der Aufwand kaum, obwohl er es wert ist. Anders als der reine Pollen aus der Falle, ist Bienenbrot von den Bienen weiterverarbeitet und dadurch auch für unser Verdauungssystem bereits aufgeschlossen.

Eine weitere, professionelle Methode ist das **Schreddern** tiefgefrorener Pollenwaben. Dabei werden Wachs und Bienenbrot gleich nach dem Zerkleinern in einer Art Zentrifuge getrennt. Dieses Verfahren setzen einige größere Imkereien ein, um Bienenbrot zu ernten, das oft in großen Mengen anfällt. Es ist zu schade, um es mit dem Wachs zusammen einzuschmelzen. Es wird getrocknet, abgefüllt und unter der Bezeichnung »Perga« vor allem in Reformhäusern angeboten.

Propolis für Biene und Mensch

Nur wenige Bienen in einem Bienenstock sammeln die harzige Knospensubstanz von Bäumen und Sträuchern. Sie transportieren sie wie Pollen als Höschen an ihren Hinterbeinen. Im Bienenstock wird das Harz während des Kauens und Knetens mit den Mundwerkzeugen der Bienen mit einem speziellen Speichelsekret vermischt und zu Propolis verarbeitet. Bisher sind über 200 Inhaltsstoffe identifiziert worden, und es ist damit zu rechnen, dass weitere hinzukommen werden.

Eine pharmazeutische Zulassung für Propolis gibt es nicht. Es darf nicht als Heilmittel für bestimmte Anwendungsgebiete ausgelobt werden. Die chemische Zusammensetzung von Propolis variiert zwischen den Arten der verschiedenen Laubbäume; aber auch von Jahr zu Jahr bei ein und derselben Baumart. Für die Juristen der europäischen Arzneimittelgesetzgebung ist diese Vorstellung ein Schreckensszenarium, möchten sie doch am liebsten nur Produkte zulassen, die aus exakt definierten Wirkstoffarten und -mengen bestehen.

Die Bereiche um das Flugloch herum werden von den Bienen mit Propolis überzogen. So entsteht ein desinfizierender Fußabtreter, der verhindert, dass Krankheitserreger mit den heimkehrenden Bienen in den Stock eingetragen werden. Ein dünner Propolisüberzug findet sich auf allen Flächen, die von den Bienen belaufen werden – an den Beutenwänden, den Rähmchen und an den Wabenrändern.

Propolis gilt als eines der wirksamsten, natürlichen Antibiotika; es tötet nicht nur Bakterien, sondern darüber hinaus auch Pilze und Viren. Deshalb ist auch dieses Bienenprodukt ein Naturheilmittel. Es wird überwiegend als alkoholischer Auszug oder Salbe angeboten und kann in Apotheken als Nahrungsergänzungsmittel gekauft werden. Imker dürfen Propolis gewinnen und einsetzen, aber keinesfalls als Heilmittel verkaufen. Wichtig für die Anwendung ist auch zu wissen, dass Menschen auf einzelne Bienenprodukte allergisch reagieren. Dieses Risiko sollte vor der ersten Anwendung abgeklärt werden.

Propolis ernten

Die Ernte von Propolis ist in kleinerem Maßstab durch Abkratzen auf den Oberträgern der Rähmchen möglich. Hier setzen es die Bienen hauptsächlich ab Mitte Sommer ein, um Öffnungen zwischen dem aufliegenden Bienenwachstuch und den Rähmchen zu schließen. Freizeitimker ernten Propolis deshalb vom Frühjahr bis Ende Juli während der Völkerdurchsicht. Spätere Ernten sind problematisch, weil die Völker auf den Winter zu alle Ritzen, Spalten und Abstände zwischen Wachstuch und Rähmchen verpropolisieren, um den kalten Luftdurchzug einzudämmen.

Größere Mengen Propolis werden mit einem speziellen Propolisgitter aus lebensmittelechtem Kunststoff geerntet, das unter dem Wachstuch auf die Beute gelegt wird. Wenn die Bienen die Löcher gefüllt haben, kann es entnommen und tiefgefroren werden. Durch Biegen oder Zusammendrücken springen die kalten, spröden Propolisstückchen leicht aus den Gitteröffnungen heraus. Sie werden als Rohpropolis bezeichnet, weil sie auch Bienenwachsanteile enthalten.

Für den Eigenbedarf lässt sich Propolis in 70-prozentigem Alkohol aus dem Wachs herauslösen. Für den Ansatz wird eine beliebige Gewichtsmenge Rohpropolis für eine optimale Extraktion zerkleinert und mit der doppelten Gewichtsmenge Alkohol in eine Flasche gegeben. Mindestens über drei Wochen sollte der Ansatz in einer verschlossenen Flasche täglich mehrmals geschüttelt werden. Mit einem Kaffeefilterpapier lassen sich Wachs und andere nicht lösliche Bestandteile aus der Tinktur entfernen. Anschließend wird die Tinktur in Tropffläschchen abgefüllt.

In mehrjährigen Versuchen mit unterschiedlichen Propolisgittern haben wir in Einraumbeuten-Völkern 80 Gramm pro Bienenvolk und Jahr geerntet, ohne Stresssymptome in den Völkern zu beobachten.

Imkern für Fortgeschrittene

Bei einem Treffen von Einraumbeuten-Imkern vor einigen Jahren ging es zunächst um einen Erfahrungsaustausch von Praktikern der ersten Stunde, deren Gedanken zum Teil in die Entwicklung des Kastens eingeflossen waren. Aus der geballten imkerlichen Erfahrung heraus gab es einzelne Stimmen, die den Honigkranz auf den Bruträhmchen über der Brut wirklich gerne abgeerntet hätten. Wie wir gesehen haben, gibt es im Vergleich zu typischen Magazinbeuten mehrere Rähmchen, auf denen zwischen dem fluglochnahen Brutraum und dem fluglochfernen Honigbereich Honig- und Brutzellen auf ein und derselben Wabe zu finden sind. Um Imkern, die eine deutliche Trennung zwischen reinen Bruträhmchen und reinen Honigrähmchen wünschen, eine Alternative anzubieten, wurde vorgeschlagen, zwei Honigaufsätze auf die Einraumbeute zu setzen. Auf diese Weise können die Bienen oben Honig eintragen und unten Brut pflegen. Das Honigraum-Rähmchen hat dabei eine Höhe von einem Drittel des Brutraumrähmchens mit den Außenmaßen von 285 × 150 mm (Länge × Höhe). Dieser Vorschlag wurde von einem Kollegen zu Hause sofort umgesetzt. Zur Frühjahrsblüte kam gleich die Erfolgsmeldung: Der Honig wurde tatsächlich oben in den Honigraumrähmchen eingelagert, das Brutnest unten auf den großen Waben angelegt.

Mit dieser Betriebsweise wurde das Prinzip der Einraumbeute zugunsten einer Dreiraumbeute aufgegeben. Je nach Trachtsituation kann auch nur einer der beiden Honigräume freigegeben werden. Dafür wird das Wachstuch in der Mitte in zwei Teile geschnitten. Die eine Hälfte wird über den einen Honigraum auf die Rähmchen gelegt, die andere Hälfte unter dem anderen Honigraum liegen gelassen, so kommen die Bienen nicht hinein.

Viele der in diesem Buch beschriebenen Vorteile des einfachen Imkerns fallen durch diese Betriebsweise, bei der die Honiggewinnung im Vordergrund steht, aber weg. Zur Schwarmkontrolle und für andere Maßnahmen müssen Honigräume heruntergenommen und wieder aufgesetzt werden. Schließlich müssen immer zwei Honigräume nebeneinander aufgesetzt werden, damit der Metalldeckel und die darunterliegende Weichfaserplatte als Wärmeisolierung alles abdecken. Die jahrelange Praxis hat gezeigt, dass mehr als 95 Prozent der

Aus der Einraumbeute wird eine Dreiraumbeute. Es werden immer zwei Honigräume aufgesetzt. Je nach Trachtsituation wird aber oft nur in dem Aufsatz, der auf dem Brutraum sitzt, Honig geerntet. Der zweite Honigaufsatz dient dann lediglich zum Auflegen von Dämmplatte und Blechdach.

Imkerinnen und Imker mit der Einraumbeute ohne Honigaufsätze zufrieden sind, weil sie die Vorteile einer extensiven Bienenhaltung ohne das Hin und Her des Aufsetzens von Honigzargen schätzen.

Wir wollten aber die Möglichkeit, Honig und Brutbereich stärker zu trennen, nicht unerwähnt lassen. Es kann ein Kompromiss sein, um »Honigjägern« eine Lösung anzubieten. Es ist klar, dass diese Lösung mit demselben Rähmchenmaß ausgerüstet sein muss, um die Kompatibilität mit der Originalbeute und damit beispielsweise den Tausch von Ablegern mit befreundeten Imkern sicherzustellen.

Zehn-Waben-Kasten für Jungvölker

In der Imkerei von Mellifera e. V. hatten wir zeitweise weit über 100 Einraumbeuten in Betrieb. Um in der Schwarmzeit die vielen Jungvölker, die aus der Aufteilung von Schwarmvölkern entstehen, einfach handhaben zu können, wurde ein 10-Waben-Kasten entwickelt. Er kann als Ableger aus zwei Waben mit Bienen und Brut zusammen mit zwei Leerrähmchen, also insgesamt vier Rähmchen plus Schied, leichter transportiert werden als eine große Einraumbeute.

Am Jungvolkstand aufgestellt, wird noch eine Futtertasche eingehängt – ein rechteckiger Kunststoffbehälter, der dieselbe Größe wie ein Rähmchen besitzt und in den flüssiges Futter eingefüllt werden kann. Der Vorteil liegt darin, dass Futtertaschen direkt neben den Randwaben den Bienen die Wege zur Futteraufnahme verkürzen. Bei guter Entwicklung erreichen diese Völker bis zum Ende der Bienensaison eine Größe von acht bis zehn ausgebauten Waben, die im 10-Waben-Kasten überwintert werden können.

Auf diesen 10-Waben-Kasten passen auch die auf Seite 157 beschriebenen Honigräume. Damit ist es möglich, diesen Kasten mit aufgesetztem Honigraum beispielsweise zur Zeit der Kirschblüte im Frühjahr einzusetzen und einen Sortenhonig zu ernten. Mit diesem Beutensystem sind wir von der eigentlichen Idee der Einraumbeute allerdings noch weiter entfernt und arbeiten jetzt wie in einem Magazin, nur dass die Waben im Brutraum immer noch im Hochformat gebaut werden. Mit den sehr kleinen Rähmchen können beliebig viele Honigzargen übereinandergestapelt werden. So wird die Ernte von Sortenhonigen möglich, zumal in der kleinen Zarge der Honig von den Bienen schnell zur Reife gebracht und verdeckelt wird.

Der kleine Honigraum als Begattungseinheit

Kein Volk verwertet jemals alle 15 bis 20 Königinnenzellen. Erfahrene Imkerinnen und Imker können zusätzlich zu ihren durch Ableger mit Königinnenzelle gebildeten Jungvölkern weitere kleine Jungvölker bilden wollen. Auf diese Weise können Jungköniginnen bereitgehalten werden, um sie beispielsweise bei einem unerwarteten und überraschenden Königinnenverlust in einem großen Volk einzusetzen. Damit wird die Dauer einer Brutunterbrechung minimiert, weil das große Volk keine Nachschaffungskönigin aufzuziehen braucht. Plötzliche Königinnenverluste können auftreten, wenn beim Einhängen eines Rähmchens die Königin verletzt oder zerdrückt wird.

Zur Bildung solcher Kleinstvölker eignet sich der kleine Honigraum sehr gut. Zwei Leerrähmchen und eine kleine Futtertasche können auf einen speziell für den Honigraum passend gebauten Beutenboden gestellt und für die Aufzucht von Königinnen aus überzähligen Schwarmzellen verwendet werden. Die Größe der Futtertasche ist so gewählt, dass sie den Raum in der Zarge nach unten und seitlich bienendicht abschließt. Sie übernimmt also gleichzeitig die Funktion eines Trennschieds. Am Flugloch vorne werden zwei leere Honigrähmchen mit Ansatzstreifen eingehängt.

Wird auf dem hinteren der beiden Rähmchen eine großzügig ausgeschnittene, kurz vor dem Schlupf stehende Königinnenzelle befestigt und die Menge einer großen Suppenkelle voll Bienen hinzugegeben, kann dieses Minivölkchen die Königin bis zum Schlüpfen pflegen und auf ihren Begattungsflug ausfliegen lassen. Danach entsteht auf den beiden mittlerweile ausgebauten Leerrähmchen ein kleines Brutnest. Die Futtertasche ist nötig, weil diese kleine Volkseinheit immer gut versorgt sein muss. Wenige Regentage, an denen die Bienen keinen Nektar sammeln können, würden das Überleben des kleinen Volkes gefährden.

Gut versorgt wächst diese kleine Volkseinheit rasch heran, und Schritt für Schritt können die Futtertasche nach hinten gerückt und vorne weitere Leerrähmchen zugehängt werden. Ist das Volk auf neun Rähmchen angewachsen, wird die Futtertasche entnommen und ein zehntes Rähmchen eingehängt. Die Fütterung ist jetzt nur noch von oben mit einem Futtergefäß in einem zweiten leeren Honigraum möglich. Wir haben in der Vergangenheit solche kleine Völker sogar erfolgreich überwintert.

Im kleinen Honigaufsatz kann eine gute Handvoll Bienen auf zwei Rähmchen eine Königin, die noch nicht geschlüpft ist, pflegen. Die Futtertasche, die hinter den Rähmchen eingehängt wird, muss gut mit Futterteig gefüllt werden, damit die Bienen genug Vorrat haben, wenn sie mehrere Tage nicht zum Sammeln ausfliegen können.

Das kleine Rähmchen aus dem Honigaufsatz der Einraumbeute wurde von den Bienen einer Begattungseinheit ausgebaut. Die Baurähmchen sind die Grundlage für das Wachstum eines kleinen Bienenvolks.

Von den Bienen lernen

Das Konstante der Mellifera-Einraumbeute ist das einheitliche Rähmchenmaß und ihre Länge bzw. die Anzahl der Rähmchen nebeneinander. Die Beute selber hat immer wieder kleine Änderungen erfahren. Hierbei sind vor allem eigene Erfahrungen, aber auch solche anderer genauer Verhaltensbeobachter der Bienen und der Beute eingeflossen. Nicht alle Anregungen wurden in der gewünschten Weise umgesetzt. Hierfür kann es verschiedene Gründe geben. Einmal muss die Beute möglichst einfach, funktionell und praktikabel bleiben. Die Kosten-Nutzen-Relation soll möglichst viele Bienenfreunde überzeugen, mit der Einraumbeute zu imkern. Besonderheiten wie beispielsweise ein vertikales Absperrgitter entsprechen nicht unserer Vorstellung der wesensgemäßen Bienenhaltung. Sie können aber durch individuelle Anpassungen weiterhin selbst vorgenommen werden. Trotzdem wünschen wir uns, dass sich Imker und Imkerinnen mit ihren Anregungen und Erfahrungen weiterhin bei uns melden. Wir freuen uns auch über schöne Fotos oder/und Berichte, die die Freude bei der Bienenhaltung in der Mellifera-Einraumbeute zeigen oder beschreiben.

In der Versuchs- und Lehrimkerei an der Fischermühle sind sozusagen um die Einraumbeute herum eine Reihe von Initiativen, Stammtischrunden und Kurse entstanden.

Das Netzwerk »Bienen machen Schule« bringt Lehrkräfte, die für ihre Arbeit in der Schule das Imkern lernen wollen, und Imker, die ihr Fachwissen in Schulen weiter vermitteln wollen, zusammen. Das Netzwerk »Blühende Landschaft« kümmert sich seit der Gründung um die Verbesserung des Blütenangebotes für Bienen und andere Bestäuber. Dabei werden Privatpersonen, Kommunen, Landwirte und Gärtner aufgeklärt und zur Mithilfe angefragt.

Deutschlandweit gibt es Mellifera-Regionalgruppen, in denen der Austausch über die Imkerpraxis und den Zauber der »wesensgemäßen Bienenhaltung« regelmäßig gepflegt wird – und die auch große Aktionen wie die Konferenz »Learning from the Bees« in Berlin oder die Teilnahme an Demonstrationen gegen die zunehmende Industrialisierung der Landwirtschaft organisieren.

Im Mellifera-Ausbildungsverbund haben sich Kolleginnen und Kollegen zusammengeschlossen, die sich um die Aus- und Fortbildung von Imkerinnen und Imkern kümmern. Trotz der großen individuellen Spielräume in der Art der Ausbildung, haben alle die Intention, gemeinsam an den Wurzeln der wesensgemäßen Bienenhaltung und ihrer Weiterentwicklung mitzuarbeiten.

Letztendlich sind wohl alle im großen Mellifera-Netzwerk von den Bienen verzaubert worden. Wir sind immer wieder glücklich, in diese Bienenwelt einzutauchen und mit ungeahnter Energie und Freude beschenkt zu werden. Eine Kursteilnehmerin hat es so ausgedrückt: »Über den Bienenzauber habe ich gelernt, neu auf mich, meinen Freundeskreis, meine Umwelt und die Landwirtschaft zu schauen. Bienen verbinden alles.«

In diesem Sinne hoffen wir, mit unserem Buch, weitere Imkerinnen und Imker für unsere Bienenpraxis und Bienenphilosophie zu begeistern – wir vertrauen darauf, dass der achtsame Umgang mit den Völkern weit über die Imkerei hinaus seine Spuren hinterlässt.

Die Autoren

Imkermeister **Norbert Poeplau** ist in der Lehr- und Versuchsimkerei Fischermühle von Mellifera in Rosenfeld für die Betreuung von 300 Bienenvölkern verantwortlich. Er sagt: »Hinter keiner anderen Beute stehe ich so gerne wie hinter der Einraumbeute.«

Dr. Johannes Wirz hat in Molekularbiologie promoviert. Er ist Co-Leiter der Naturwissenschaftlichen Sektion am Goetheanum in Dornach (Schweiz). Der begeisterte Imker koordiniert die Forschung bei Mellifera e.V. und ist Mitglied des Vorstands.

Was am Anfang als Lehr- und Versuchsimkerei für die wesensgemäße Bienenhaltung begonnen hat, ist heute zur Dachorganisation geworden, unter der auch eine Erwerbsimkerei, das »Netzwerk Blühende Landschaft« und »Bienen machen Schule«, eine pädagogische Initiative, zum Erfolg von Mellifera e.V. beitragen.

Danksagung

Wir sind den Hunderten von Teilnehmerinnen und Teilnehmern an unseren Kursen und Seminaren dankbar für ihre Aufmerksamkeit und ihre Fragen, die uns immer wieder angespornt haben, Dinge und Vorgänge noch einmal anders oder ganz neu zu bedenken. Ein besonderer Dank geht an unsere Imkerfreundinnen und -freunde Sabine Bergmann, Maja Högner, Johanna von Halem, Thomas Radetzki, Günther Mancke, Albert Muller, Markus Hilfenhaus, Uli Hampl, Martin Schäfer, Martin Dettli, Hugo Löffel, Erhard Maria Klein und Heinz Risse, die uns begleitet und in Gesprächen immer wieder in der Weiterentwicklung der praktischen und »philosophischen« Grundlagen der wesensgemäßen Bienenhaltung unterstützt haben. In einem gewissen Sinne ist dieses Zusammenwirken ein Spiegelbild der Schwarmintelligenz und der Weisheit, an denen uns die Bienenvölker ohne Einschränkung immer wieder teilhaben lassen.

Anhang

Adressen rund um Mellifera e. V.

Mellifera e. V.
Initiativen für Biene, Mensch, Natur
Lehr- und Versuchsimkerei Fischermühle
Fischermühle 7
72348 Rosenfeld
www.mellifera.de

Informationen im Internet

Das Leitbild und die Satzung stehen auf der Homepage zum Download bereit. Mitgliedsantrag unter:
www.mellifera.de/mitglied-werden

Informationen zur Einraumbeute, Bezugsquellen und ein Bauplan zum Selbstbau sind im Internet zu finden unter:
www.einraumbeute.de

Mellifera Netzwerk

Über das Mellifera Netzwerk lassen sich andere Imkerinnen und Imker, die in der Einraumbeute Bienen halten, finden:
www.mellifera.de/netzwerk

Das Netzwerk lebt von den vielen Knoten, die sich hoffentlich möglichst dicht bilden und mit denen jede und jeder leicht erkennen kann, wo wesensgemäße Imkerinnen und Imker in der Nähe sind. Hier kann man sich auch selbst als Einraumbeuten-Imkerin oder -Imker registrieren:
ev.mellifera.de/mellifera/mellifera.beratungsnetz/mellifera.beratungsnetz.reg/index.html

In Mellifera Regionalgruppen treffen sich in verschiedenen Orten in Deutschland Imkerinnen und Imker, die sich um wesensgemäße Bienenhaltung bemühen.

Die Regionalgruppen sind entstanden, um sich zu treffen, im Austausch voneinander zu lernen oder Projekte in der Region zu initiieren.
Mehr dazu unter:
www.mellifera.de/regionalgruppen

Schwarmbörse

Vermittlung von Bienenschwärmen unter:
www.schwarmboerse.de

Bienen machen Schule

Im pädagogischen Netzwerk sind Pädagoginnen und Pädagogen aktiv, die von der Phänomenologie in Bienenvölkern begeistert sind und diese Begeisterung an Kinder, Jugendliche und Erwachsene weitergeben möchten. Hier werden auch eine jährlich stattfindende Konferenz und eine eigene Ausbildung zum Bienenpädagogen angeboten. Mehr dazu unter:
www.bienen-schule.de

Blühende Landschaften

Das Netzwerk besteht aus Privatpersonen, Vereinen, Verbänden, Stiftungen, Kommunen und Landkreisen. Gemeinsam setzen sich die Akteure für die Schaffung und Pflege der Lebensräume von blütenbesuchenden Insekten ein. Mehr unter:
www.bluehende-landschaft.de

Weitere Adressen

Bieneninstitut Kirchhain
Erlenstraße 9
35274 Kirchhain
www.bieneninstitut-kirchhain.de

Publikationen zur natürlichen Varroabehandlung, komplette Brutentnahme, Bannwabenverfahren und künstliche Brutunterbrechung, Download unter der Rubrik Beratung und Dienstleistungen/Publikationen erhältlich.

Projekt Die Bienenkiste
Kielkamp 35
22761 Hamburg
www.bienenkiste.de

Informationen, Fotos und Videos zum Imkern mit der Bienenkiste

Demeter e.V.
Brandschneise 1
64295 Darmstadt
www.demeter.de

Informationen zur wesensgemäßen Bienenhaltung, Adressen von Demeter-Imkern

Bezugsquellen

Mellifera e. V. – Onlineshop
Fischermühle 7
72348 Rosenfeld
www.mellifera.de

Hier gibt es Einraumbeuten und Zubehör, Bienenprodukte, Literatur

Serumwerk Bernburg AG
Hallesche Landstraße 105 b
06406 Bernburg
www.bienen-gesundheit.com

Mittel und Zubehör zur Varroabehandlung (Ameisensäure und Oxalsäure zur Varroabehandung sind auch über Apotheken, Tierarztpraxen und Imkervereine erhältlich.)

Joachim Weiland Werkzeugbau
Zimmermannsgasse 2
15366 Hoppegarten
verdunster@nassenheider.com
www.weiland-wzb.de

Nassenheider Verdunster zur Varroabehandlung mit Ameisensäure

Andermatt BioVet GmbH
Franz-Ehret-Straße 18
79541 Lörrach
www.andermatt-biovet.de

Mittel und Zubehör zur Varroabehandlung

Zum Weiterlesen

Karl v. Frisch: **Aus dem Leben der Bienen,** Czernin Verlag

Ferdinand Gerstung: **Der Bien und seine Zucht (1905)** (Faksimile), Kessinger Pub Co., Kostenloser Download unter: http://digital.zbmed.de/apidologie/content/pageview/2990864

Erhard Maria Klein: **Die Bienenkiste,** pala-verlag

Erhard Maria Klein: **Wesensgemäße Bienenhaltung in der Bienenkiste,** pala-verlag

Horst Kornberger: **Weltwunder Bienenstock,** Futurum Velag

Matthias Lehnherr: **Imkerbuch,** Arastaios Verlag

Mellifera e. V.: **Handbuch Bienen machen Schule,** Mellifera e. V.

Randolf Menzel und Matthias Eckold: **Die Intelligenz der Bienen,** Albrecht Knaus Verlag

Melanie von Orlow: **Natürlich imkern in Großraumbeuten,** Verlag Eugen Ulmer

Martin Ott, Martin Dettli, Philipp Rohner: **Bienen verstehen,** FONA Verlag

Wolfgang Ritter: **Bienen gesund erhalten,** Verlag Eugen Ulmer

Wolfgang Ritter: **Bienen naturgemäß halten,** Verlag Eugen Ulmer

Thomas D. Seeley: **Auf der Spur der wilden Bienen,** S. Fischer Verlag

Thomas D. Seeley: **Bienendemokratie,** Fischer Taschenbuch

Thomas D. Seeley: **Honigbienen. Im Mikrokosmos des Bienenstocks,** Birkhäuser Verlag

Peter Selg und Johannes Wirz: **Der Mensch und die Bienen,** Ita Wegman Institut

Rudolf Steiner, Martin Dettli (Hrsg.): **Die Welt der Bienen,** Rudolf Steiner Verlag

Rudolf Steiner: **Über das Wesen der Bienen,** Rudolf Steiner Verlag

Jürgen Tautz, Ingo Arndt: **Honigbienen – geheimnisvolle Waldbewohner,** Knesebeck Verlag

Jürgen Tautz: **Phänomen Honigbiene,** Spektrum Akademischer Verlag

Wolfgang Voigt: **Die Honigbiene im Kreislauf des Waldes,** Frieling Verlag

Michael Weiler: **Der Mensch und die Bienen,** Verlag Lebendige Erde

Interessante Informationen im Internet

Blog zur Einraumbeute, zu wesensgemäßer Bienenhaltung oder Bienengesundheit:

https://www.mellifera.de/blog/mellifera-einraumbeute.de

Nassenheider Verdunster für den Einbau im Rähmchen, Modell Universal H:

https://www.nassenheider.com/public/de/14-verdunster-fuer-ameisensaeure

Verschiedene Varroa-Behandlungsmittel:

https://www.andermatt-biovet.de/de_bvi/bienen.html#isPage=1

https://www.serumwerk.com/produkte/tiergesundheit/bienen/

Beschreibungen der biologischen Behandlungsmethoden gegen Varroa-Milben unter der Rubrik Publikationen, Flyer Varroa 1 bis 4:

https://llh.hessen.de/bildung/bieneninstitut-kirchhain/beratung-und-dienstleistungen/publikationen/

Erhard Maria Klein:
Die Bienenkiste
ISBN: 978-3-89566-309-3

Erhard Maria Klein:
Wesensgemäße Bienenhaltung in der Bienenkiste
ISBN: 978-3-89566-341-3

Werner David:
Fertig zum Einzug: Nisthilfen für Wildbienen
ISBN: 978-3-89566-358-1

Wolf Richard Günzel:
Das Insektenhotel
ISBN: 978-3-89566-385-7

Nina Dittmann:
Wachteln im Garten
ISBN: 978-3-89566-391-8

Nina Dittmann:
Vom Glück, Schweine zu hüten
ISBN: 978-3-89566-360-4

Annette Arnold und
René Reibetanz:
Alles für die Ziege
ISBN: 978-3-89566-383-3

Silke Braemer:
Auf Augenhöhe mit Hühnern
ISBN: 978-3-89566-397-0

Naturschutz im Garten

Ulrike Aufderheide:
Tiere pflanzen
ISBN: 978-3-89566-388-8

Michael Altmoos:
Der Moosgarten
ISBN: 978-3-89566-387-1

Sigrid Tinz:
Haufenweise Lebensräume
ISBN: 978-3-89566-389-5

Brigitte Kleinod und
Friedhelm Strickler:
Schön wild!
ISBN: 978-3-89566-367-3

Irmela Erckenbrecht und
Peter Reichenbach:
Farbstark mit sevengardens
ISBN: 978-3-89566-370-3

Ulrike Aufderheide und
Edwin Schröter:
Workshop Korbflechten
ISBN: 978-3-89566-369-7

Christina Mann:
Kraftsträuße
ISBN: 978-3-89566-354-3

Elke Puchtler:
Lavendelschätze
ISBN: 978-3-89566-377-2

ISBN: 978-3-89566-402-1

2. Auflage 2020
Rheinstraße 35, 64283 Darmstadt
www.pala-verlag.de

Bildnachweis:
Umschlagfotos: Norbert Poeplau

Seite 20: nach Ferdinand Gerstung, Der Bien und seine Zucht
Seiten 21 unten, 32, 85: Christoph Valentien
Seite 25: Achillea, Umzeichnung einer Felszeichnung
aus der Cueva de la Aranãs
Seite 26: nach Ludwig Armbruster, Archiv für Bienenkunde
Seiten 34, 47, 150 unten, 165 unten: Johannes Wirz
Seiten 132, 135, 138, 140, 146: Mellifera e. V.
Seite 165 oben: Carmen Diessner

alle anderen Fotos: Norbert Poeplau

Illustrationen Seiten 37, 49, 80, 91, 113: Karin Bauer
www.karin-bauer.com

Lektorat: Barbara Reis

Satz und Gestaltung: Die Werkstatt-Medien Produktion GmbH, Göttingen
www.werkstatt-produktion.de

Druck und Bindung:
Beltz Grafische Betriebe GmbH, Bad Langensalza
www.beltz-grafische-betriebe.de
Printed in Germany

Gedruckt auf
100% Recyclingpapier